AF390995

PREMIERS ÉLÉMENTS

D'ALGÈBRE

PREMIERS ÉLÉMENTS

D'ALGÈBRE

COMPRENANT

LA RÉSOLUTION DES ÉQUATIONS

DU PREMIER ET DU SECOND DECRÉ

PAR

Hte SONNET

DOCTEUR ÈS SCIENCES, AGRÉGÉ DE L'UNIVERSITÉ
EXAMINATEUR POUR L'ADMISSION A L'ÉCOLE CENTRALE
DES ARTS ET MANUFACTURES

PARIS

LIBRAIRIE DE L. HACHETTE ET Cie

RUE PIERRE-SARRAZIN, N° 12

—

1848

AVANT-PROPOS.

La matière de ce petit volume est extraite de l'ouvrage plus complet que nous avons publié récemment sous le titre d'*Algèbre élémentaire*. Cependant elle forme à elle seule un tout sans solutions de continuité ; et nous espérons que ces *Premiers Éléments*, réduits à ce que l'Algèbre offre de plus essentiel, c'est-à-dire à la résolution des équations du premier et du second degré, ne seront pas sans utilité pour les commençants.

PREMIERS ÉLÉMENTS

D'ALGÈBRE.

CHAPITRE PREMIER.

NOTIONS PRÉLIMINAIRES.

§ I. But de l'Algèbre.

1. L'Algèbre est la science qui a pour but de résoudre d'une manière générale les questions relatives aux nombres.

C'est-à-dire que, dans cette partie des mathématiques, on ne se contente pas de la solution particulière d'une question, on recherche encore la solution générale de toutes les questions du même genre.

Pour y parvenir, on représente par des lettres les grandeurs connues ou inconnues que l'on a à considérer, et à l'aide de signes abréviatifs on *écrit* les relations que la nature du problème établit entre ces grandeurs. L'Algèbre donne ensuite des règles pour *transformer* ces relations en d'autres plus simples, ou mieux appropriées au but qu'on se propose; et c'est en déplaçant ainsi successivement la difficulté qu'on peut la diminuer et enfin la résoudre. On obtient alors la valeur de chaque inconnue sous la forme d'une expression *générale,* dans laquelle il n'y aura plus, dans chaque cas particulier, qu'à remplacer chaque lettre par sa valeur particulière, et à *effectuer* les calculs qui ne sont qu'indiqués. Une pareille expression générale est ce qu'on nomme une *formule algébrique.*

Un exemple éclaircira ces généralités.

2. Proposons-nous d'abord cette question particulière : *Trouver deux nombres dont la somme soit* 17 *et dont la différence soit* 5 . Pour la résoudre, nous pourrons d'abord faire le raisonnement suivant :

La différence des deux nombres étant 5 , le plus grand est égal au plus petit augmenté de 5 ; la somme des deux nombres est donc égale au plus petit nombre augmenté de 5 , plus encore au plus petit nombre; ou, ce qui revient au même, à deux fois le plus petit nombre, plus 5 . Mais cette somme doit faire 17 ; donc le double du plus petit nombre, plus 5 , égale 17 . Il en résulte que le double du plus petit nombre équivaut à 17 diminué de 5 , ou à 12 ; et que par conséquent ce plus petit nombre lui-même est la moitié de 12 , ou 6 . Par suite, le plus grand nombre est égal à 6 plus 5 , ou à 11 .

On remarque que dans ce raisonnement certaines expressions se reproduisent un grand nombre de fois : ce sont *le plus petit nombre, le plus grand nombre, plus* ou *augmenté de, moins* ou *diminué de, égale* ou *équivaut à.* On pourra donc simplifier l'écriture de ce raisonnement en convenant, par exemple, de représenter *le plus petit nombre* par la lettre x , *le plus grand nombre* par la lettre y ; les expressions *plus* ou *augmenté de* par le signe $+$, déjà employé en arithmétique; les expressions *moins* ou *diminué de* par le signe $-$; la division par 2 , en mettant ce nombre en dénominateur ; enfin les expressions *égale* ou *équivaut à* par le signe $=$. A l'aide de ces conventions, le raisonnement ci-dessus pourra s'écrire de la manière suivante :

$$y - x = 5 \ ;$$

donc $\qquad\qquad y = x + 5 \ .$

Mais $\qquad\qquad y + x = 17 \ ;$

donc $\qquad\qquad x + 5 + x = 17 \ ,$

ou $\qquad\qquad 2x + 5 = 17 \ .$

De là résulte $\qquad 2x = 17 - 5 = 12 \ ;$

donc $\qquad\qquad x = \dfrac{12}{2} \ $ ou $\ x = 6 \ .$

Par suite , $\qquad\qquad y = 6 + 5 = 11 \ .$

Chacune des lignes que nous venons d'écrire correspond à l'un des raisonnements partiels qui composent le raisonnement total écrit plus haut.

3. Les raisonnements seraient évidemment les mêmes si les nombres 17 et 5 étaient remplacés par des nombres quelconques. Mais les signes abréviatifs que nous avons employés ne suffisent pas pour mettre en évidence ce qu'il peut y avoir de commun dans les *résultats* des raisonnements, quelles que soient les données. Cela tient à ce que les résultats numériques auxquels on est conduit n'offrent aucune trace des opérations qui ont servi à les obtenir. Ainsi le nombre 6 , qui a été obtenu en retranchant 5 de 17 et en prenant la moitié du reste, pourrait s'obtenir d'une infinité d'autres manières ; et rien dans ce résultat brut 6 n'indique comment on y est parvenu.

Il n'en serait plus de même si , au lieu d'effectuer les opérations numériques au fur et à mesure qu'elles se présentent, on se contentait de les indiquer par des signes. C'est ce que nous allons montrer en reprenant le même problème; mais afin de donner à la solution toute la généralité qu'elle comporte, nous remplacerons les données numériques par des lettres, auxquelles on pourra ensuite attribuer telles valeurs qu'on voudra. Nous désignerons donc par a la somme des deux nombres inconnus x et y, et par b leur différence, x désignant toujours le plus petit.

Cela posé, nous allons reprendre le raisonnement total; nous le reproduirons ensuite en employant l'écriture algébrique; et, afin de rendre la comparaison plus facile, nous aurons soin de marquer d'un numéro d'ordre commun les raisonnements partiels qui se correspondent :

[1] Le plus grand nombre, moins le plus petit, égale la différence donnée;

[2] Donc, le plus grand nombre équivaut au plus petit, plus la différence donnée;

[3] Le plus grand nombre, plus le plus petit, égale la somme donnée;

[4] Donc, le plus petit nombre augmenté de la différence donnée, plus encore le plus petit nombre, égale la somme donnée;

[5] Ou bien, deux fois le plus petit nombre, plus la différence donnée, égale la somme donnée.

[6] Il en résulte que : deux fois le plus petit nombre égale la somme donnée, moins la différence donnée;

[7] Et qu'enfin, le plus petit nombre égale la moitié de la somme donnée, moins la moitié de la différence donnée.

[8] Par suite, le plus grand nombre égale la moitié de la somme donnée, moins la moitié de la différence donnée, plus cette même différence ;

[9] Ce qui revient à la moitié de la somme donnée, plus la moitié de la différence donnée.

En écriture algébrique, les mêmes raisonnements deviendront :

[1] $\qquad\qquad y - x = b$;

[2] donc $\qquad\qquad y = x + b$.

[3] Mais $\qquad\qquad y + x = a$;

[4] donc $\qquad\qquad x + b + x = a$;

[5] ou bien $\qquad\quad 2x + b = a$.

[6] Il en résulte $\qquad 2x = a - b$,

[7] et enfin $\qquad\quad x = \dfrac{a}{2} - \dfrac{b}{2}$.

[8] Par suite $\qquad\quad y = \dfrac{a}{2} - \dfrac{b}{2} + b$,

[9] ou bien $\qquad\quad y = \dfrac{a}{2} + \dfrac{b}{2}$.

REMARQUE. On voit que *lorsqu'on a la somme et la différence de deux nombres, on obtient le plus petit en retranchant la moitié de la différence de la moitié de la somme, et le plus grand en ajoutant la moitié de la différence à la moitié de la somme*; ce qui constitue un *théorème* de calcul.

4. Les valeurs générales

$$x = \dfrac{a}{2} - \dfrac{b}{2} \quad \text{et} \quad y = \dfrac{a}{2} + \dfrac{b}{2}$$

sont des *formules* qui donneront immédiatement les valeurs

des inconnues dans chaque cas particulier; il suffira d'y remplacer a et b par les données particulières, et d'effectuer les calculs indiqués.

Si l'on demande, par exemple, de trouver deux nombres dont la somme soit 31 et la différence 13, on aura

$$x = \frac{31}{2} - \frac{13}{2} \quad \text{et} \quad y = \frac{31}{2} + \frac{13}{2} \, ,$$

ou
$$x = \frac{18}{2} \quad \text{et} \quad y = \frac{44}{2} \, ,$$

ou enfin $\quad x = 9 \quad\quad$ et $\quad y = 22 \, ;$

c'est-à-dire que le plus petit des deux nombres demandés est 9, et le plus grand 22. En effet, 22 diminué de 9 donne 13, et 22 augmenté de 9 donne 31.

5. La question très-simple que nous venons de traiter suffit néanmoins pour faire voir comment l'écriture algébrique, indépendamment de sa brièveté, permet de traiter un problème de la manière la plus générale, et conduit à des formules ou règles pour obtenir la solution dans chaque cas particulier.

La série des égalités [4], [5], [6], [7] du numéro (3) offre un exemple des transformations successives à l'aide desquelles on peut, d'une relation entre une inconnue et des quantités données, déduire une relation plus simple qui donne la valeur de cette inconnue.

Le but de l'Algèbre étant ainsi clairement établi, nous allons nous occuper des signes abréviatifs qu'elle emploie et des règles du calcul algébrique.

§ II. Des signes algébriques.

6. Nous donnons dans ce paragraphe l'explication de

tous les signes abréviatifs usités en Algèbre, quoique plusieurs d'entre eux ne soient pas, du moins dès à présent, indispensables à connaître. Notre but est d'éviter au lecteur, qui aurait oublié le sens d'un signe, la peine d'en chercher la définition dans le corps de l'ouvrage, en lui offrant un tableau qu'il lui sera toujours facile de consulter.

7. Le signe $+$ s'énonce *plus*; placé entre deux quantités, il indique qu'on en fait la somme. Ainsi $x+5$ signifie la somme des quantités x et 5; de même $x+a+5$ exprime la somme des quantités x, a et 5.

8. Le signe $-$ s'énonce *moins*; placé entre deux quantités, il indique qu'on en fait la différence, ou que de la première on retranche la seconde. Ainsi $x-5$ exprime la différence des quantités x et 5, ou ce qui reste de la quantité représentée par x quand on en retranche 5. De même $x-a-5$ indique ce qui reste de la quantité x quand on en retranche successivement la quantité a et le nombre 5.

9. Le signe $\times$ s'énonce *multiplié par*; placé entre deux quantités, il indique qu'on en fait le produit. Ainsi $x\times5$ indique le produit de x par 5. De même $x\times a\times5$ exprime le produit des trois facteurs x, a et 5.

On remplace souvent le signe $\times$ par un simple point. Ainsi au lieu de $a\times b$ on peut écrire $a.b$.

Plus souvent encore on se contente, pour exprimer la multiplication, d'écrire les facteurs à la suite les uns des autres, sans aucune interposition de signe. Mais cela ne se fait que lorsqu'il n'y a pas plus d'un facteur numérique, et ce facteur se place alors le premier. Ainsi au lieu de $x\times a\times5$ on peut écrire $x.a.5$, ou plus simplement $5ax$.

Le facteur numérique qui précède ainsi un produit de facteurs exprimés par des lettres, porte le nom de *coefficient*.

10. Quand un produit renferme plusieurs facteurs égaux, on se contente d'écrire l'un d'eux, et l'on place à sa droite, et un peu au-dessus, le nombre qui indique combien il y a de ces facteurs égaux. Ainsi, au lieu de 5×5 on peut écrire 5^2 ; au lieu de $x \times x \times x$ on peut écrire x^3.

Ce nombre qui indique combien il y a de facteurs égaux à celui qu'on n'écrit qu'une fois, porte le nom d'*exposant*, et le produit des facteurs égaux s'appelle *puissance* de l'un de ces facteurs. L'expression $5a^3b^2x$ indiquerait un produit composé du facteur 5, de 3 facteurs égaux à a, de 2 facteurs égaux à b, et enfin d'un facteur égal à x ; ou bien le produit de 5 par la 3ᵉ puissance de a, par la 2ᵉ puissance de b, et par la 1ʳᵉ puissance de x.

11. Le signe $:$ s'énonce *divisé par*; placé entre deux quantités, il indique que la première est divisée par la seconde. Ainsi $x : 5$ exprime le quotient de x par 5.

On indique encore la division en écrivant le quotient comme une fraction qui aurait pour numérateur le dividende et pour dénominateur le diviseur. Par exemple

$$x : 5 \quad \text{peut s'écrire} \quad \frac{x}{5} .$$

Le trait horizontal qui sépare le dividende du diviseur se nomme *barre de division*.

12. Le signe $\sqrt{}$ indique la *racine carrée* de la quantité placée au-dessous, c'est-à-dire une quantité qui, multipliée par elle-même, reproduirait la quantité placée sous le signe. Par exemple $\sqrt{49}$ exprime la racine carrée de 49 , ou le nombre qui, multiplié par lui-même, donne 49 .

Le signe $\sqrt[3]{}$ indique de même la *racine cubique* de la quantité placée au-dessous, c'est-à-dire une quantité qui, prise 3 fois comme facteur, donnerait pour produit la quantité placée sous le signe. Ainsi, $\sqrt[3]{64}$ exprime la racine cubique de 64 , ou le nombre qui, pris 3 fois comme facteur, donnerait pour produit 64 .

Les signes $\sqrt[4]{}$, $\sqrt[5]{}$, etc., indiqueraient de même la *racine quatrième*, la *racine cinquième*, etc., de la quantité placée au-dessous, c'est-à-dire une quantité qui, prise 4 fois, 5 fois, etc., comme facteur, donnerait pour produit la quantité placée sous le signe.

Ce signe porte en général le nom de *radical*, et le nombre placé au-dessus dans son ouverture est ce qu'on nomme l'*indice* du radical. Ainsi, dans $\sqrt[3]{}$, c'est 3 qui est l'indice du radical.

13. Les parenthèses ( ) expriment le *résultat* des opérations indiquées sur les quantités qu'elles enveloppent; les signes qui affectent les parenthèses indiquent les opérations à effectuer sur ce résultat. Ainsi,

$$x - (a - 5)$$

indique que de la quantité x on retranche le résultat obtenu en retranchant 5 de a .

$$(x + 5) \times a$$

indique qu'après avoir fait la somme des quantités x et 5 , on multiplie le résultat, ou la somme, par a .

$$(x - 2) : a$$

1.

indique qu'après avoir retranché 2 de x on divise le résultat, ou la différence, par la quantité a .

$$(x + 5)^3 : (a - 2)^2$$

indique qu'après avoir fait la somme des quantités x et 5 et formé un produit de 3 facteurs égaux à cette somme, on divise ce produit par le produit de 2 facteurs égaux à la différence entre a et 2 .

14. Le signe $=$ s'énonce *égale;* placé entre des expressions numériques ou algébriques, il indique que les deux expressions sont égales en valeur.

Le signe $>$ s'énonce *plus grand que;* placé entre deux quantités, il indique que la première est plus grande que la seconde. Ainsi, $x > 5$ signifie que la quantité représentée par x est plus grande que 5 .

Le signe $<$ s'énonce *plus petit que;* placé entre deux quantités, il indique que la première est plus petite que la seconde. Ainsi, $x < 5$ signifie que la quantité représentée par x est plus petite que 5 .

15. Lorsque, dans une question, on a représenté certaines quantités par des lettres, on représente des quantités analogues par les mêmes lettres chargées d'un ou plusieurs accents. Les lettres chargées d'un accent s'énoncent en y ajoutant le mot *prime;* celles qui sont chargées de deux accents s'énoncent en y ajoutant le mot *seconde;* pour trois accents on ajoute le mot *tierce;* et ainsi de suite. Par exemple,

$$a , \; a' , \; a'' , \; a''' ,$$

s'énonceraient a , a prime, a seconde, a tierce.

L'usage que nous ferons des divers signes dont il vient d'être question, en fixera peu à peu le sens dans la mémoire du lecteur.

§ III. Des diverses espèces d'expressions algébriques.

16. Les expressions algébriques les plus simples sont les lettres mêmes de l'alphabet destinées à représenter certaines quantités connues ou inconnues. On emploie ordinairement les premières lettres de l'alphabet, a, b, c, d, etc., pour représenter des quantités supposées connues, mais dont on ne particularise pas la valeur numérique. Les quantités inconnues se désignent, au contraire, par les dernières lettres x, y, z, etc.

17. On donne en général le nom d'*expression algébrique* à tout ensemble de lettres, ou de lettres et de nombres, réunis par quelques-uns des signes énumérés dans le paragraphe précédent. Ainsi

$$15\,a^3b\,(x+5) : \sqrt{a-b}$$

est une expression algébrique.

Une expression algébrique est dite *rationnelle* quand elle ne contient point de signe radical. Elle est *irrationnelle* dans le cas contraire.

Une expression algébrique est dite *entière* lorsque aucune division n'y est indiquée. Elle est *fractionnaire* dans le cas contraire.

Nous nous occuperons d'abord des expressions algébriques rationnelles et entières. Telle est l'expression

$$5\,a^3x - 4\,a^2x^2 + 16\,ax^3 \ .$$

18. Dans une expression algébrique rationnelle et entière où il n'entre point de parenthèses, les différentes parties séparées par les signes $+$ ou $-$ sont ce que l'on appelle les différents *termes* de l'expression. Telles sont dans l'expression ci-dessus les parties $5\,a^3x$, $-4\,a^2x^3$ ou $+16\,ax^3$.

Une expression algébrique qui n'a qu'un terme prend le nom de *monome*; telle est l'expression $-4\,a^2x^3$.

Une expression algébrique qui a deux termes prend le nom de *binome*; telle est $3\,a - 5\,b$.

Une expression algébrique qui a trois termes porte le nom de *trinome*; tel est $2\,x^2 - 3\,ax + 5\,ab$.

En général, une expression algébrique qui a plusieurs termes porte le nom de *polynome*.

19. Dans un monome, il y a quatre éléments à distinguer :

1° Le signe dont il est précédé, et qui peut être $+$ ou $-$. Tout monome qui n'a pas de signe est censé précédé du signe $+$. Les monomes précédés (ou supposés précédés) du signe $+$ sont des monomes *additifs* ou *positifs*. Les monomes précédés du signe $-$ sont des monomes *soustractifs* ou *négatifs*.

2° Le facteur numérique, s'il y en a un. Ce facteur qu'on écrit le premier, porte, ainsi que nous l'avons vu, le nom de *coefficient*.

3° Les lettres qui forment les autres facteurs.

4° Les *exposants* de ces lettres, ou les nombres écrits à droite et un peu au-dessus, qui indiquent combien de fois chaque lettre entre comme facteur dans le produit total.

Ainsi dans $-4\,a^2x^3$, le signe est $-$, le coefficient est 4 , les lettres sont a et x , les exposants sont 2 et 3 .

20. REMARQUE. Si dans un monome on imagine que chaque lettre prenne une valeur numérique déterminée, le produit indiqué par ce monome prendra lui-même une certaine valeur numérique, laquelle devra être prise *positivement* ou *négativement,* c'est-à-dire additivement ou soustractivement, suivant que le monome est affecté du signe $+$ ou du signe $-$. Si, par exemple, dans le monome $4a^2x^3$ on imagine que a ait la valeur 3 et x la valeur 5, le monome reviendra à $-4.3.3.5.5.5$ ou à -4500.

On pourrait attribuer aux lettres des valeurs numériques fractionnaires, sans que pour cela le monome cessât d'être *entier,* algébriquement parlant. Si par exemple on attribue à a la valeur $\frac{1}{2}$ et à x la valeur $\frac{1}{3}$, le monome $-4a^2x^3$ reviendra à $-\frac{1}{27}$.

C'est toujours sous cette forme numérique qu'il faut se représenter un monome; c'est-à-dire qu'on doit se le représenter comme composé d'une valeur absolue, entière ou fractionnaire, et d'un signe qui est $+$ ou $-$.

21. On nomme *degré* d'un monome la somme des exposants des lettres qui y entrent. Les lettres qui n'ont point d'exposant n'entrant qu'une fois comme facteur, sont supposées avoir pour exposant 1. Ainsi le degré du monome $5a^3b^2x$ est $3+2+1$ ou 6.

22. On nomme *termes semblables* dans un polynome ceux qui ne diffèrent que par le coefficient et par le signe. Ils contiennent par conséquent les mêmes lettres affectées des mêmes exposants. Ainsi dans le polynome

$$15a^3b^2x - 6a^2b^2x^2 + 8a^3b^2x + 7ab^2x^3 - 9a^3b^2x - 4a^3b^2x,$$

il y a quatre termes semblables :

$$15a^3b^2x, \quad +8a^3b^2x, \quad -9a^3b^2x \quad \text{et} \quad -4a^3b^2x.$$

On peut toujours réduire les termes semblables en un seul. Il est clair en effet, dans l'exemple précédent, que quelle que soit la valeur numérique de a^3b^2x il faut prendre 15 fois cette valeur, ajouter encore 8 fois la même valeur, puis en retrancher d'abord 9 fois cette même valeur, et encore 4 fois cette valeur. Le résultat sera donc le même que si de 15 + 8 ou 23 fois la valeur numérique dont il s'agit, on retranchait 9 + 4 ou 13 fois cette même valeur, ce qui donnerait 23 — 13 ou 10 fois cette valeur. L'ensemble des quatre termes considérés revient donc à $10\,a^2b^2x$.

Si l'ensemble des termes négatifs l'emportait sur celui des termes positifs, le résultat serait lui-même négatif.

On tire de là cette règle : *Pour effectuer la réduction des termes semblables, on fait la somme de tous les coefficients qui ont le signe + et la somme de tous les coefficients qui ont le signe — ; on retranche la plus petite somme de la plus grande, on donne au reste le signe de la plus grande, et on écrit à la suite la partie littérale commune.*

23. Un polynome est dit *homogène* quand tous ses termes sont du même degré (**21**). Tel est le polynome

$$5\,ab^2x^3 - 6\,a^2b^2x^2 + 8\,a^4bx \ ,$$

dont tous les termes sont du 6e degré.

24. *Ordonner* un polynome, c'est écrire ses différents termes dans un ordre tel que les exposants d'une même lettre aillent toujours en augmentant ou toujours en diminuant d'un terme à l'autre. La lettre que l'on choisit pour guide prend le nom de *lettre ordonnatrice*; si l'on écrit les termes de manière que les exposants de la lettre *ordonnatrice* aillent en augmentant, on dit que le polynome est ordonné *par rapport aux puissances croissantes* de cette lettre; si les exposants de la lettre ordonnatrice vont en diminuant, on dit que le polynome est ordonné *par rapport aux puissances décroissantes* de cette lettre.

Ainsi le polynome, déjà considéré ci-dessus,

$$5\,ab^2x^3 - 6\,a^2b^2x^2 + 8\,a^4bx$$

est ordonné par rapport aux puissances croissantes de a, ou par rapport aux puissances décroissantes de x.

Dans la plupart des calculs algébriques on a soin d'ordonner ainsi les polynomes; cette opération facilite les calculs, en leur donnant plus de symétrie. Il est clair d'ailleurs que, quel que soit l'ordre dans lequel on écrit les termes, soit additifs, soit soustractifs, d'un polynome, sa valeur demeure la même. Cette valeur se compose évidemment de la somme des valeurs numériques des termes additifs ou positifs, diminuée de la somme des valeurs numériques des termes soustractifs ou négatifs.

—————

CHAPITRE II.

25. Nous ne nous occuperons dans ce chapitre et dans
le suivant que des expressions algébriques rationnelles, en
commençant par celles qui sont entières. Nous supposerons
de plus, si elles sont monomes, qu'elles sont positives, ou
que, si elles sont polynomes, l'ensemble des termes positifs l'emporte en valeur absolue sur l'ensemble des termes
négatifs.

Nous verrons plus tard (Chap. iv) le sens qu'il faut attribuer aux opérations algébriques et aux quantités mêmes
sur lesquelles elles s'effectuent, lorsque la condition dont
nous venons de parler n'est pas remplie.

§ I. De l'addition.

26. En ayant égard à la restriction exprimée dans le
numéro précédent, additionner deux expressions algébriques, c'est ajouter à la valeur absolue de la première, la
valeur absolue de la seconde.

1° Si les deux expressions à additionner sont deux monomes semblables (**22**), on additionnera les coefficients, et
l'on écrira à la suite de la somme la partie littérale commune. Par exemple, les deux expressions $5a^2x^3$ et $7a^2x^3$
ont pour somme $12a^2x^3$.

2° Si les deux expressions à additionner sont deux monomes dissemblables, il suffira d'écrire le second à la suite

du premier en les séparant par le signe $+$; et le résultat ne sera susceptible d'aucune simplification. Par exemple, la somme des expressions $5a^2x^3$ et $7a^3x^2$ est

$$5a^2x^3 + 7a^3x^2 .$$

27. Supposons maintenant que les expressions à additionner soient polynomes ; et qu'à $a - b$, par exemple, on se propose d'ajouter $c - d$.

Si à la suite de $a - b$ on écrivait le premier terme de $c - d$ en le faisant précéder du signe $+$, ce qui donnerait $a - b + c$, on aurait ajouté à $a - b$ une quantité trop grande de d ; le résultat serait donc lui-même trop grand de d . Pour lui donner sa véritable valeur, il faut donc le diminuer de d , ce qui se fera en écrivant à sa suite $- d$; et l'on aura

$$a - b + c - d .$$

On voit qu'il a suffi d'écrire à la suite de $a - b$ chacun des termes de $c - d$, avec le signe qu'il avait ; car le terme c qui n'était précédé d'aucun signe, devait être regardé comme précédé du signe $+$ (**19**).

En répétant les raisonnements qui précèdent pour des polynomes composés d'autant de termes qu'on voudra, on verrait de même que les termes positifs du second polynome doivent s'écrire à la somme avec le signe $+$, et que les termes négatifs de ce même polynome doivent s'écrire à la somme avec le signe $-$. En d'autres termes : *Pour additionner deux polynomes, on écrit le second à la suite du premier en conservant à chaque terme son signe.*

Remarque. La règle serait évidemment la même pour ajouter un polynome à un monome.

28. Si la somme présente alors des termes semblables,

il faut en opérer la réduction (**22**), ce qui simplifie le résultat.

Soient, par exemple, à additionner les polynomes

$$4a^3x^2 - 6a^2x^3 + 7ax^4 - 9x^5$$

et
$$5a^3x^2 + 2a^2x^8 - 11ax^4 + 10x^5 \, ,$$

on trouvera $9a^3x^2 - 4a^2x^3 - 4ax^4 + x^5 \, .$

Soient de même, les polynomes :

$$a^2b + 3ab^2 - 4b^3$$

et
$$5a^2b - 3ab^2 + b^3 \, ,$$

on trouvera $6a^2b - 3b^3 \, .$

§ II. De la soustraction.

29. D'après l'hypothèse admise dans ce chapitre, soustraire deux expressions algébriques l'une de l'autre, c'est retrancher de la valeur absolue de la première la valeur absolue de la seconde.

1° Si les deux expressions sont deux monomes semblables, on retranchera le coefficient de la seconde du coefficient de la première, ce que nous supposerons possible, et l'on écrira à la suite de la différence la partie littérale commune. Par exemple, la différence entre $7a^2bx$ et $4a^2bx$ est évidemment $3a^2bx \, .$

2° Si les expressions à soustraire sont deux monomes dissemblables, on écrira le second à la suite du premier en les séparant par le signe — ; et le résultat ne sera pas susceptible d'aucune simplification. Ainsi la différence des monomes $5ax^4$ et $3a^2x^3$ est $5ax^4 - 3a^2x^8 \, .$

30. Supposons maintenant que l'expression à soustraire

soit polynome, celle dont on soustrait pouvant être polynome ou monome. Par exemple, supposons que de $a-b$, on veuille soustraire $c-d$.

Si à la suite de $a-b$ on écrivait le terme c avec le signe $-$, c'est-à-dire si de $a-b$ on retranchait c, ce qui donnerait $a-b-c$, on aurait évidemment retranché une quantité trop grande de d ; le résultat serait donc trop petit de d. Pour lui rendre sa vraie valeur il faudra donc lui ajouter d, ce qui se fera en écrivant $+d$ à la suite, et l'on aura $a-b-c+d$.

On remarquera que le terme c qui avait, ou était censé avoir, le signe $+$ dans le polynome à soustraire, a le signe $-$ au résultat; et que le terme d qui avait le signe $-$ dans le polynome à soustraire, a le signe $+$ au résultat.

En répétant les mêmes raisonnements et les mêmes observations pour des polynomes composés d'autant de termes qu'on voudra, on verrait de même que tout terme ayant le signe $+$ dans le polynome à soustraire devra être écrit au résultat avec le signe $-$, et que tout terme ayant le signe $-$ dans le polynome à soustraire, devra être écrit au résultat avec le signe $+$. De là cette règle : *Pour soustraire un polynome d'un autre, on l'écrit à la suite de cet autre en changeant le signe de chacun de ses termes.*

Si la différence ainsi obtenue présente des termes semblables, il faut, pour simplifier le résultat, opérer la réduction (**22**) de ces termes.

EXEMPLES. I. Du polynome $9\,a^3x^2 - 4\,a^2x^3 - 4ax^4 + x^5$
on veut soustraire $\qquad\qquad 4\,a^3x^2 - 6\,a^2x^3 + 7ax^4 - 9x^5$,
on aura d'abord pour résultat

$$9\,a^3x^2 - 4\,a^2x^3 - 4ax^4 + x^5 - 4\,a^3x^2 + 6\,a^2x^3 - 7ax^4 + 9\,x^5$$

ou, en réduisant,

$$5a^3x^2 + 2a^2x^3 - 11ax^4 + 10x^5 \, .$$

II. Si de $a^2 + 2ab + b^2$ on soustrait $a^2 - 2ab + b^2$, on trouvera pour reste

$$a^2 + 2ab + b^2 - a^2 + 2ab - b^2$$

ou, en réduisant, $\qquad 4ab$.

31. *Remarque sur l'usage des parenthèses.* Il arrive souvent que l'on a intérêt à regarder un polynome, soit comme la somme, soit comme la différence de deux autres polynomes. Pour cela, on réunit entre parenthèses tous les termes qu'on regarde comme composant le polynome ajouté ou soustrait, et l'on fait précéder ces parenthèses du signe $+$ dans le premier cas, ou du signe $-$ dans le second. Mais, afin d'avoir égard aux règles données (**27, 30**) pour l'addition ou pour la soustraction des polynomes, si l'on met $+$ devant les parenthèses, on écrit les termes entre parenthèses chacun avec le signe qu'il avait; tandis que si l'on met $-$ devant les parenthèses, on écrit les termes entre parenthèses, chacun avec un signe contraire. Si, dans la suite des calculs ou des raisonnements, on vient à supprimer les parenthèses, c'est-à-dire à effectuer l'opération indiquée sur le polynome qu'elle renfermait, ses termes conservent leur signe si les parenthèses étaient précédées du signe $+$, et chacun d'eux en change au contraire si les parenthèses étaient précédées du signe $-$. Dans un cas, comme dans l'autre, on reproduit ainsi le polynome total, tel qu'il était avant l'introduction des parenthèses.

Soit, par exemple, le polynome

$$a + b - c + d - e + f - g + h \, .$$

On pourra l'écrire de chacune des manières suivantes :

$$a+(b-c+d-e+f-g+h)\,,$$
$$a+b-(c-d+e-f+g-h)\,,$$
$$a+b-c+(d-e+f-g+h)\,,$$
$$a+b-c+d-(e-f+g-h)\,,$$

etc. ,

et, en supprimant les parenthèses, c'est-à-dire en effectuant l'addition ou la soustraction indiquées, on reproduira le polynome primitif

$$a+b-c+d-e+f-g+h\,.$$

§ III. De la multiplication.

32. D'après les restrictions établies au commencement de ce chapitre, le but que nous nous proposons dans la multiplication algébrique sera le même qu'en arithmétique ; c'est-à-dire qu'étant données deux expressions algébriques, monomes ou polynomes, nous chercherons à en former une troisième dont la valeur numérique ou absolue soit le produit des valeurs absolues des deux premières.

Supposons donc d'abord que les deux facteurs soient deux monomes ; par exemple $5\,a^3b^2x$ et $3\,a^2by^2$.

Le premier monome $5\,a^3b^2x$ représente le résultat qu'on obtiendrait en multipliant 5 par le produit de trois facteurs égaux à a , puis en multipliant le résultat de cette première multiplication par le produit de deux facteurs égaux à b , et en multipliant enfin le résultat de cette seconde multiplication par le facteur x . Or, on a vu en arithmétique que multiplier un nombre par un produit de plusieurs facteurs revient à multiplier ce nombre successivement par chacun de ces facteurs ; et ce principe subsiste pour les quantités fractionnaires comme pour les nombres entiers. Le monome $5\,a^3b^2x$ pourra donc s'écrire

$$5\times a\times a\times a\times b\times b\times x\ .$$

De même, le monome $3\,a^2by^2$ pourra s'écrire

$$3\times a\times a\times b\times y\times y\ .$$

Et, en vertu du principe déjà invoqué ci-dessus, on obtiendra le produit demandé en multipliant le premier monome successivement par chacun des facteurs du second ; ce qui donnera

$$5\times a\times a\times a\times b\times b\times x\times 3\times a\times a\times b\times y\times y\ .$$

Mais dans un produit de plusieurs facteurs, entiers ou fractionnaires, on peut intervertir l'ordre des facteurs sans changer le produit. On pourra donc, en rapprochant les facteurs égaux, écrire le produit de la manière suivante :

$$5\times 3\times a\times a\times a\times a\times a\times b\times b\times b\times x\times y\times y\ .$$

Le produit de 5 par 3 est 15 . Ce produit doit être multiplié successivement par cinq facteurs égaux à a , ce qui revient à le multiplier par le produit effectué de ces cinq facteurs, ou par a^5 . On aura donc ainsi $15\times a^5$. Ce produit doit être multiplié à son tour successivement par trois facteurs égaux à b , ce qui revient à le multiplier par le produit effectué de ces trois facteurs, ou par b^3 . On aura ainsi $15\times a^5\times b^3$. Multipliant par x , il vient $15\times a^5\times b^3\times x$. Multipliant enfin successivement par deux facteurs égaux à y , ou, ce qui revient au même, par le produit effectué de ces deux facteurs, ou par y^2 , il vient enfin $15\times a^5\times b^3\times x\times y^2$; ou en supprimant les signes de multiplication :

$$15\,a^5b^3xy^2\ .$$

On voit 1º que le coefficient 15 du produit est le produit des coefficients 5 et 3 des deux facteurs monomes ; 2º que toutes les lettres qui entrent dans l'un des facteurs entrent au produit ; 3º que l'exposant 5 de la lettre a au produit est la somme des exposants 3 et 2 qu'elle avait dans les deux monomes ; 4º que l'exposant 3 de la lettre b au produit est la somme des exposants 2 et 1 qu'elle avait dans les deux monomes ; 5º que le facteur x , qui n'entre qu'au multiplicande, entre au produit avec le même exposant 1 ; 6º enfin que le facteur y^2 , qui n'entre qu'au multiplicateur, entre au produit avec le même exposant 2 .

De là cette règle : *Pour multiplier l'un par l'autre deux monomes positifs, il faut faire le produit des deux coefficients, écrire à la suite toutes les lettres qui entrent dans les deux facteurs monomes, et affecter chacune d'elles d'un exposant égal à la somme de ceux qu'elle a dans ces deux facteurs.* (En appliquant cette règle, on voit que toute lettre qui n'entre que dans l'un des deux monomes entre au produit avec le même exposant.)

EXEMPLE. Le produit de $7a^5b^3cd^2$ par $4ab^2dx^3$ est $28\,a^6b^5cd^3x^3$.

REMARQUE. Il résulte de la règle de la multiplication des monomes, que le degré (**21**) du produit est la somme des degrés des deux monomes facteurs. Ainsi le degré de $5a^3b^2x$ étant 6 , et le degré de $3\,a^2by^2$ étant 5 , le degré de leur produit $15\,a^5b^3xy^2$ est $6+5$ ou 11 . De même, le degré de $7a^5b^3cd^2$ étant 11 , et le degré de $4ab^2dx^3$ étant 7 , le degré de leur produit $28a^6b^5cd^3x^3$ est $11+7$ ou 18 .

33. Soit maintenant à multiplier un polynome par un

monome, par exemple $a+b-c$ par m. Les lettres a, b, c, m représentent des quantités numériques entières ou fractionnaires. Pour fixer les idées et faciliter le discours, supposons que le multiplicateur monome m ait pour valeur $\frac{4}{3}$; la multiplication aura pour but de prendre les $\frac{4}{3}$ du multiplicande. Si celui-ci se réduisait à $a+b$, on obtiendrait évidemment le produit en prenant les $\frac{4}{3}$ de a, puis les $\frac{4}{3}$ de b, et faisant la somme des produits partiels obtenus ; c'est-à-dire que le produit total s'obtiendrait en multipliant séparément a et b par m et faisant la somme de ces produits partiels, ce qui donnerait $am+bm$. Mais en opérant ainsi on a pris les $\frac{4}{3}$ d'un polynome trop grand de c, puisque ce n'était pas $a+b$ qu'il fallait multiplier, mais bien $a+b-c$, ou $a+b$ diminué de c. Le produit obtenu $am+bm$ est donc trop grand des $\frac{4}{3}$ de c ou du produit cm ; pour lui rendre sa véritable valeur il faut donc en retrancher cm, ce qui donnera

$$am+bm-cm \; .$$

Comme on pourrait répéter le même raisonnement pour chaque terme soustractif, on voit que *pour faire le produit d'un polynome par un monome* (positif), *il faut multiplier séparément chaque terme du polynome multiplicande par le monome multiplicateur, en donnant à chaque terme du produit le signe du terme du multiplicande qui l'a fourni.*

Ainsi le produit de $5ax^2 + 3a^2x - 4a^3$ par $6a^2bx$ serait

$$30ab^3x^3 + 18a^4bx^2 - 24a^5bx .$$

De même, le produit de $3a^3b - 2a^2b^2 + 5ab^3 - b^4$ par $4ab^2c$ serait

$$12a^4b^3c - 8a^3b^4c + 20a^2b^5c - 4ab^6c .$$

34. Soit enfin à multiplier un polynome par un polynome, par exemple $a - b$ par $c - d$ pour plus de simplicité. Faisons d'abord le produit du multiplicande $a - b$ par le terme c du multiplicateur, ce qui donnera, d'après ce que l'on vient de voir, $ac - bc$.

En opérant ainsi, on a multiplié le multiplicande par une quantité trop grande de d , puisque ce n'était pas par c qu'il fallait multiplier, mais bien par c diminué de d . Il s'ensuit que le résultat est lui-même trop grand du produit de $a - b$ par d , c'est-à-dire de $ad - bd$.

Pour lui rendre sa véritable valeur, il faut donc en retrancher $ad - bd$, ce qui donne, d'après les règles de la soustraction, c'est-à-dire en changeant le signe de chaque terme du polynome à soustraire ,

$$ac - bc - ad + bd .$$

En examinant ce résultat, on voit qu'il contient les produits partiels de chaque terme du multiplicande $a - b$ par chaque terme du multiplicateur $c - d$. Quant au signe dont chaque produit partiel est affecté, on remarque 1° que les termes a et c , qui avaient (ou étaient censés avoir) le signe $+$, ont donné un produit ac qui figure au résultat avec le signe $+$; 2° que les termes b et c , dont l'un avait le signe $-$ et l'autre le signe $+$, ont fourni au résultat le terme négatif $-bc$; 2° que les termes a et d, dont l'un avait le signe $+$ et l'autre le signe $-$, ont fourni au résultat le terme négatif $-ad$; 4° enfin que les termes b et d, qui avaient tous deux le signe $-$, ont fourni au résultat le terme positif $+bd$.

En résumant, on voit que deux termes de même signe ont donné un produit positif, et que deux termes de signe contraire ont donné un produit négatif.

Les mêmes raisonnements appliqués à deux polynomes quelconques montreraient que ces règles sont générales, et que *deux termes de même signe donnent toujours un produit affecté du signe $+$, et que deux termes de signe contraire donnent un produit affecté du signe $-$.* C'est en cela que consiste ce qu'on appelle la *règle des signes* dans la multiplication.

On l'énonce quelquefois en disant d'une manière abrégée que

$$+ \quad \text{multiplié par} \quad + \quad \text{donne} \quad +$$
$$+ \qquad\qquad\qquad - \qquad\qquad -$$
$$- \qquad\qquad\qquad + \qquad\qquad -$$
$$- \qquad\qquad\qquad - \qquad\qquad +$$

On dira donc que, *pour multiplier deux polynomes l'un par l'autre, il faut multiplier chaque terme du multiplicande par chaque terme du multiplicateur, en ayant égard à la règle des signes.*

Si le résultat présente des termes semblables, on en opère la réduction.

35. Soit, par exemple, à multiplier

$$5ax^3 - 3a^2x^2 - 4a^3x + a^4 \quad \text{par} \quad 6ax^2 - 2a^2x + 3a^3.$$

On disposera ces calculs de la manière suivante :

Multiplicande	$5ax^3 - 3a^2x^2 - 4a^3x + a^4$
Multiplicateur	$6ax^2 - 2a^2x + 3a^3$

1er produit partiel $\quad 30a^2x^5 - 18a^3x^4 - 24a^4x^3 + 6a^5x^2$

$2^e \qquad \qquad \text{»} \qquad \qquad - 10a^3x^4 + 6a^4x^3 + 8a^5x^2 - 2a^6x$

$3^e \qquad \qquad \text{»} \qquad \qquad \qquad \qquad + 15a^4x^3 - 9a^5x^2 - 12a^6x + 3a^7$

Produit total réduit $\quad 30a^2x^5 - 28a^3x^4 - 3a^4x^3 + 5a^5x^2 - 14a^6x + 3a^7$

On écrit d'abord le multiplicande ; on écrit au-dessous le multiplicateur ; on tire un trait horizontal au-dessous du multiplicateur. On fait le produit du multiplicande par le premier terme du multiplicateur ; c'est le premier produit partiel qu'on écrit au-dessous du trait horizontal. On fait le produit du multiplicande par le second terme du multiplicateur ; c'est le second produit partiel qu'on écrit au-dessous du premier. On obtient ainsi autant de produits partiels qu'il y a de termes au multiplicateur. Au-dessous du dernier produit partiel on tire un second trait horizontal, et au-dessous de ce trait on écrit le produit total, qui est la somme des produits partiels, somme dans laquelle on effectue, s'il y a lieu, la réduction des termes semblables.

Il convient d'ordonner (**24**) le multiplicande, le multiplicateur et le produit total par rapport aux puissances d'une même lettre ; les calculs ayant alors plus de symétrie sont plus faciles à vérifier. Il convient aussi d'écrire chaque terme d'un produit partiel au-dessous du terme semblable, s'il y en a, dans le produit partiel précédent ; la réduction des termes semblables se trouve ainsi facilitée ; il est aussi plus facile d'ordonner le produit total.

36. Nous placerons ici trois produits dont on fait un

fréquent usage en Algèbre, et qui fournissent autant de théorèmes de calcul.

I.
$$\begin{aligned} a &+ b \\ a &+ b \\ \hline a^2 &+ ab \\ &+ ab + b^2 \\ \hline a^2 &+ 2ab + b^2 \,. \end{aligned}$$

Cette multiplication montre que *le carré de la somme de deux quantités renferme le carré de la première, plus le double produit de la première par la seconde, plus le carré de la seconde.*

(On se rappelle qu'en arithmétique on nomme *carré* d'une quantité le produit de cette quantité par elle-même.)

Ce théorème, écrit algébriquement, donne

$$(a + b)^2 = a^2 + 2ab + b^2 \,.$$

II.
$$\begin{aligned} a &- b \\ a &- b \\ \hline a^2 &- ab \\ &- ab + b^2 \\ \hline a^2 &- 2ab + b^2 \,. \end{aligned}$$

Cette multiplication montre que *le carré de la différence de deux quantités renferme le carré de la première, moins deux fois le produit de la première par la seconde, plus le carré de la seconde.*

Ce théorème, écrit algébriquement, donne

$$(a - b)^2 = a^2 - 2ab + b^2 \,.$$

III.
$$\begin{aligned} a &+ b \\ a &- b \\ \hline a^2 &+ ab \\ &- ab - b^2 \\ \hline a^2 & \qquad - b^2 \,. \end{aligned}$$

Cette multiplication montre que *le produit de la somme de deux quantités par leur différence, équivaut à la différence de leurs carrés.*

Ce théorème, écrit algébriquement, donne

$$(a + b)(a - b) = a^2 - b^2 .$$

37. REMARQUE I. Si le multiplicande et le multiplicateur sont homogènes (**23**), le produit est lui-même homogène; car chaque terme du produit s'obtenant en multipliant un terme du multiplicande par un terme du multiplicateur, le degré de ce terme du produit est la somme des degrés des deux termes qui l'ont fourni (**32**), c'est-à-dire la somme des degrés du multiplicande et du multiplicateur, puisque ceux-ci sont homogènes. Tous les termes du produit sont donc du même degré, c'est-à-dire qu'il est homogène.

On voit de plus que son degré est la somme des degrés des deux polynomes facteurs.

Ainsi, dans l'exemple donné au n° **35**, le multiplicande est homogène et du 4ᵉ degré, le multiplicateur est homogène et du 3ᵉ degré, le produit est homogène et du 7ᵉ degré.

38. REMARQUE II. Par suite des réductions qui s'opèrent entre les termes semblables, certains termes du produit peuvent disparaître; c'est ce qu'on voit dans l'exemple III du n° **36**. Mais il y a toujours au moins deux termes qui ne disparaissent pas : ces termes sont, si le multiplicande et le multiplicateur ont été ordonnés par rapport aux puissances d'une même lettre, le produit du premier terme du multiplicande par le premier terme du multiplicateur, et le produit du dernier terme du multiplicande par le dernier terme du multiplicateur.

En effet : si, pour fixer les idées, on suppose ces polynomes ordonnés par rapport aux puissances décroissantes d'une même lettre, le premier terme du multiplicande et le premier terme du multiplicateur contenant chacun la lettre ordonnatrice à une puissance plus élevée qu'aucun des termes qui suivent, leur produit contiendra cette même lettre à une puissance plus élevée qu'aucun autre terme du produit, et ne pourra conséquemment se réduire avec aucun autre. De même : le dernier terme du multiplicande et le dernier terme du multiplicateur contenant chacun la lettre ordonnatrice à une puissance moins élevée qu'aucun des termes qui précèdent, leur produit contiendra cette même lettre à une puissance moins élevée qu'aucun autre terme du produit, et ne pourra en conséquence se réduire avec aucun autre. Tels sont, dans la multiplication du n° **35**, le premier terme $30a^2x^5$ du produit et le dernier $+3a^7$.

Quelles que soient les réductions qui s'opèrent, il restera donc au moins deux termes au produit. La multiplication suivante offre un exemple du cas où il ne reste que ces deux termes :

$$a^4 + a^3b + a^2b^2 + ab^3 + b^4$$
$$a - b$$
$$\overline{}$$
$$a^5 + a^4b + a^3b^2 + a^2b^3 + ab^4$$
$$- a^4b - a^3b^2 - a^2b^3 - ab^4 - b^5$$
$$\overline{}$$
$$a^5 - b^5$$

§ IV. De la division.

39. La division, en Algèbre comme en arithmétique, est une opération par laquelle, étant donnés un produit de deux facteurs et l'un de ces facteurs, on se propose de retrouver le second facteur. Le produit donné est le dividende, le facteur donné est le diviseur, le facteur cherché est le quotient.

Soit d'abord à diviser un monome (positif) par un autre monome (également positif), par exemple, $15\,a^5b^3xy^2$ par $5\,a^3b^2x$.

D'après les règles de la multiplication des monomes (32) le coefficient 15 du dividende a été formé en multipliant le coefficient 5 du diviseur par le coefficient inconnu du quotient; on obtiendra donc ce coefficient inconnu en divisant 15 par 5 , ce qui donne 3 . Le quotient ne peut contenir aucune lettre qui ne soit pas au dividende. Or, l'exposant 5 de la lettre a au dividende est la somme de l'exposant 3 de la même lettre au diviseur et de l'exposant inconnu de cette même lettre au quotient; on obtiendra donc cet exposant inconnu en retranchant 3 de 5 , ce qui donne pour reste 2 et montre que le quotient doit contenir le facteur a^2 . De même, l'exposant 3 de la lettre b au dividende est la somme de l'exposant 2 de cette même lettre au diviseur et de l'exposant inconnu de cette même lettre au quotient; on obtiendra donc cet exposant inconnu en retranchant 2 de 3 , ce qui donne pour reste 1 , et montre que le quotient contiendra le facteur b . La lettre x entrant avec le même exposant au dividende et au diviseur, ne saurait entrer au quotient. La lettre y n'entrant pas au diviseur, doit entrer au quotient avec le même exposant qu'au dividende. Le quotient sera donc $3\,a^2by^2$. Et, en effet, en multipliant $5\,a^3b^2x$ par $3\,a^2by^2$ on retrouve bien $15\,a^5b^3xy^2$.

De là cette règle : *Pour diviser deux monomes* (positifs) *l'un par l'autre, divisez le coefficient du monome dividende par le coefficient du monome diviseur, vous obtiendrez le coefficient du monome quotient. Examinez successivement chaque lettre du dividende. Si elle est commune au dividende et au diviseur, et que son exposant au dividende surpasse son exposant au diviseur, écrivez-la au quotient avec un exposant égal à la différence de ces exposants. Si elle a le même exposant au dividende et au diviseur, dispensez-vous de l'écrire au quotient. Si elle n'entre qu'au dividende, écrivez-la avec le même exposant au quotient.*

Exemple. Le quotient de $\quad 28\,a^6b^5cd^3x^3\quad$ par $\quad 7a^5b^3cd^2$ est $\quad 4ab^2dx^3$.

40. Remarque I. La division serait impossible : 1° si le diviseur contenait une lettre qui n'entrât pas au dividende ; 2° si une lettre avait au diviseur un exposant plus élevé qu'au dividende ; 3° si le coefficient du dividende n'était pas exactement divisible par le coefficient du diviseur.

Remarque II. Lorsqu'une lettre entre au dividende et au diviseur avec le même exposant, si on lui appliquait la même règle qu'aux autres lettres, on devrait l'écrire au quotient avec un exposant égal à la différence des exposants qu'elle a au dividende et au diviseur, c'est-à-dire avec l'exposant *zéro*. Ainsi, le quotient de $\quad 15a^3b^2x\quad$ par $\quad 3a^3b$ serait $\quad 5a^0bx$.

Or, nous avons vu que le quotient doit être $\quad 5bx\quad$; le facteur $\quad a^0\quad$ représente donc un facteur qui n'altère pas le produit, c'est-à-dire qu'il représente l'unité.

On se sert quelquefois de ce symbole pour conserver au quotient la trace d'un facteur du dividende qui disparaîtrait sans cela. Mais il faut bien se rappeler qu'une expression telle que $\quad a^0\quad$ est le symbole de l'unité, ou que $\quad a^0\quad$ est égal à $\quad 1$.

41. Soit maintenant à diviser un polynome par un mo-

ôme (positif), par exemple $30\,a^3bx^3 + 18\,a^4bx^2 - 24\,a^5bx$
par $6\,a^2bx$.

Le quotient sera un polynome, car le produit d'un monome par un monome serait un monome. Or, on a vu (**35**)
que le produit d'un polynome par un monome est un polynome composé du même nombre de termes affectés des
mêmes signes, et qu'ils s'obtiennent en multipliant respectivement chaque terme du polynome multiplicande par le
monome multiplicateur. On formera donc le quotient demandé en divisant chaque terme du polynome dividende
par le monome diviseur, et affectant chaque terme du quotient du même signe que le terme du dividende qui l'a
fourni.

Le quotient de $30\,a^3bx^3$ par $6\,a^2bx$ est $5\,ax^2$; on
l'écrira au quotient total, où il sera censé avoir le signe $+$,
attendu qu'il sera le premier. Le quotient de $18\,a^4bx^2$
par $6\,a^2bx$ est $3\,a^2x$; on l'écrira avec le signe $+$ à
la suite du premier terme du quotient total. Le quotient
de $24\,a^5bx$ par $6\,a^2bx$ est $4\,a^3$; on l'écrira avec le
signe $-$ à la suite des deux premiers termes du quotient
total. Le quotient total sera ainsi $5\,ax^2 + 3\,a^2x - 4\,a^3$.
On peut vérifier, en effet, qu'en multipliant ce quotient
par le diviseur $6\,a^2bx$ on reproduirait le polynome dividende.

On voit que *pour diviser un polynome par un monome*
(positif), *il faut diviser chaque terme du polynome dividende par le monome diviseur, et affecter chaque terme du
quotient du même signe que le terme du dividende qui l'a
fourni.*

Ainsi, le quotient de $12\,a^4b^3c - 8\,a^3b^4c + 20\,a^2b^5c - 4\,ab^6c$
par $4\,ab^2c$ est $3\,a^3b - 2\,a^2b^2 + 5\,ab^3 - b^4$.

Remarque. La division serait impossible si un terme quelconque du polynome dividende n'était pas exactement divisible (**40**) par le monome diviseur.

42. Lorsque tous les termes d'un polynome admettent un facteur commun, il est souvent utile de mettre ce facteur *en évidence,* c'est-à-dire de décomposer le polynome en deux facteurs dont l'un soit le facteur monome commun à tous ses termes, et dont l'autre soit le quotient du polynome proposé par le facteur commun ; ce quotient ou ce facteur polynome se met alors entre parenthèses. Par exemple, on a vu tout à l'heure que le polynome

$$30\, a^3 bx^3 + 18\, a^4 bx^2 - 24\, a^5 bx$$

était divisible par $6\, a^2 bx$ et donnait pour quotient

$$5\, ax^2 + 3\, a^2 x - 4\, a^3 \ .$$

On peut donc écrire ce polynome de la manière suivante :

$$(5\, ax^2 + 3\, a^2 x - 4\, a^3)\, 6\, a^2 bx$$

qui exprime le produit du quotient par le diviseur (**15**). Le facteur monome peut se mettre indifféremment à droite ou à gauche de la parenthèse.

Soit de même le polynome

$$12\, a^4 b^3 c - 8\, a^3 b^4 c + 20\, a^2 b^5 c - 4\, ab^6 c \ .$$

On reconnaît que le facteur $4\, ab^2 c$ est commun à tous ses termes ; on peut donc mettre ce facteur en évidence, en écrivant entre parenthèses le quotient du polynome proposé par le facteur mis hors parenthèses. On aura ainsi

$$4\, ab^2 c\, (3\, a^3 b - 2\, a^2 b^2 + 5\, ab^3 - b^4) \ .$$

43. Soit enfin à diviser un polynome par un polynome ; par exemple,

$$30\, a^2 x^5 - 28\, a^3 x^4 - 3\, a^4 x^3 + 5\, a^5 x^2 - 14\, a^6 x + 3\, a^7$$

par $\qquad 5\, ax^3 - 3\, a^2 x^2 - 4\, a^3 x + a^4 \ .$

On commencera par écrire le diviseur à la droite du dividende, en les ordonnant par rapport aux puissances d'une même lettre, s'ils n'étaient pas déjà ordonnés; et on les séparera par un trait vertical. On tirera un trait horizontal au-dessous du diviseur pour le séparer du quotient. Ces dispositions sont indiquées dans le tableau ci-contre, les polynomes y sont ordonnés par rapport aux puissances décroissantes de la lettre x.

Concevons que le quotient inconnu soit ordonné par rapport aux puissances décroissantes de la même lettre. Comme le dividende est le produit du diviseur par le quotient, le produit partiel du premier terme du diviseur par le premier terme du quotient doit donner le premier terme du dividende; car on a vu (**38**, II) que ce produit partiel n'a pu se réduire avec aucun autre. On obtiendra donc le premier terme du quotient

Diviseur.

$$5ax^3 - 3a^2x^2 - 4a^3x + a^4 \quad \text{Quotient.}$$
$$6ax^2 - 2a^2x + 3a^3$$

Dividende.

$$30a^2x^5 - 28a^3x^4 - 3a^4x^3 + 5a^5x^2 - 14a^6x + 3a^7$$
$$-30a^2x^5 + 18a^3x^4 + 24a^4x^3 - 6a^5x^2$$

1er reste.... $-10a^3x^4 + 21a^4x^3 - a^4x^2 - 14a^6x + 3a^7$
$$+10a^3x^4 - 6a^4x^3 - 8a^5x^2 + 2a^6x$$

2e reste........ $+15a^4x^3 - 9a^5x^2 - 12a^6x + 3a^7$
$$-15a^4x^3 + 9a^5x^2 + 12a^6x - 3a^7$$

3e reste........ 0

en divisant le premier terme du dividende par le premier terme du diviseur.

Mais ici il sera nécessaire d'avoir égard aux signes, car en ordonnant les deux polynomes il peut également arriver que le premier terme ait le signe $+$ ou le signe $-$. Or, la *règle des signes* donnée pour la multiplication (34) nous apprend que si le produit de deux termes est positif, ces deux termes sont de même signe ; et que si le produit est négatif, les deux termes sont de signe contraire. On peut donc former le tableau suivant :

$$+ \text{ divisé par } + \text{ donne au quotient } +$$
$$+ \qquad - \qquad -$$
$$- \qquad + \qquad -$$
$$- \qquad - \qquad +$$

ce qui montre que *le quotient de deux termes de même signe a le signe* $+$ *, et que le quotient de deux termes de signe contraire a le signe* $-$; règle qui est la même que pour la multiplication.

Dans l'exemple actuel, le premier terme du dividende et le premier terme du diviseur étant positifs, le premier terme du quotient sera positif. On divisera donc $30\,a^2x^5$ par $5\,ax^3$, ce qui donne $6\,ax^2$, et l'on écrira ce premier terme du quotient au-dessous du diviseur.

Le dividende étant le produit du diviseur par le quotient, contient tous les produits partiels du diviseur par les différents termes du quotient. Le premier terme du quotient étant trouvé, on peut multiplier le diviseur par ce terme, et retrancher le produit ainsi obtenu du dividende ; le reste ne contiendra plus que les produits du diviseur par les termes suivants du quotient, et sera par consé-

...ent un nouveau dividende plus simple sur lequel on pourra opérer comme sur le premier. Ce calcul se fait de la manière suivante : $+5ax^3$ multiplié par $+6ax^2$ donne $+30a^2x^5$, et, pour soustraire, $-30a^2x^5$, qu'on écrit au-dessous du premier terme du dividende; $-3a^2x^2$ par $+6ax^2$ donne $-18a^3x^4$, et, pour soustraire, $+18a^3x^4$, qu'on écrit au-dessous du dividende, à la suite du terme précédent; $-4a^3x$ par $+6ax^2$ donne $-24a^4x^3$, et, pour soustraire, $+24a^4x^3$, qu'on écrit au-dessous du dividende à la suite des deux termes précédents; enfin $+a^4$ par $+6ax^2$ donne $+6a^5x^2$, et, pour soustraire, $-6a^5x^2$, qu'on écrit encore au-dessous du dividende à la suite des trois termes précédents. On tire un trait horizontal au-dessous du polynome soustrait; on opère la réduction des termes semblables, et l'on obtient pour premier reste

$$-10a^3x^4+21a^4x^3-a^5x^2-14a^6x+3a^7 \ .$$

Ce premier reste étant le produit du diviseur par l'ensemble des termes inconnus du quotient, et se trouvant ordonné comme le diviseur et le quotient, par rapport aux puissances décroissantes de la lettre x , son premier terme est le produit exact du premier terme du diviseur par le premier des termes inconnus du quotient, puisque ce produit partiel n'a pu se réduire avec aucun autre. On aura donc le second terme du quotient en divisant le premier terme du premier reste, ou second dividende, par le premier terme du diviseur. Or, $-10a^3x^4$ divisé par $+5ax^3$ donne $-2a^2x$; on écrit ce quotient partiel à la suite du premier terme du quotient total.

Connaissant le second terme du quotient, on peut faire le produit du diviseur par ce second terme, et retrancher ce produit du premier reste ; le second reste qu'on obtiendra ne contiendra plus que les produits partiels du diviseur par les termes suivants du quotient. En effectuant ces calculs de la même manière que ci-dessus, on obtient pour second reste

$$+\, 15\, a^4 x^3 - 9\, a^5 x^2 - 12\, a^6 x + 3\, a^7 \; .$$

Ce second reste étant le produit du diviseur par l'ensemble des termes inconnus du quotient, et se trouvant ordonné par rapport aux puissances décroissantes de la lettre x, son premier terme est le produit exact du premier terme du diviseur par le premier des termes inconnus du quotient, puisque ce produit partiel n'a pu se réduire avec aucun autre. On obtiendra donc le troisième terme du quotient en divisant le premier terme du second reste par le premier terme du diviseur. Or, $+\, 15\, a^4 x^3$ divisé par $+\, 5\, a x^3$ donne $+\, 3\, a^3$; on écrit ce quotient partiel à la suite des deux premiers termes du quotient total.

Connaissant le troisième terme du quotient, on peut multiplier le diviseur par ce terme, et soustraire le produit du second reste ; le troisième reste qu'on obtiendra ne contiendra plus que les produits partiels du diviseur par les termes suivants du quotient, s'il y en a. En effectuant ces calculs, on trouve *zéro* pour troisième reste ; il en résulte que l'opération est terminée, et que le quotient total est

$$6\, a x^2 - 2\, a^2 x + 3\, a^3 \; .$$

En multipliant, en effet, le diviseur par ce quotient, on reproduirait le dividende (**34**).

De tout ce qui précède, on tire la règle suivante : *Pour diviser deux polynomes l'un par l'autre, on écrit le diviseur à la droite du dividende en les ordonnant par rapport aux puissances d'une même lettre ; on les sépare par un trait vertical, et l'on tire un trait horizontal au-dessous du diviseur pour le séparer du quotient. On divise le premier terme du dividende par le premier terme du diviseur ; on obtient ainsi le premier terme du quotient, qu'on écrit au-dessous du diviseur. On multiplie le diviseur par ce terme; on soustrait le produit du dividende, et l'on obtient un premier reste. On divise le premier terme de ce premier reste par le premier terme du diviseur; on obtient ainsi le second terme du quotient; on l'écrit à la suite du premier; on multiplie le diviseur par ce second terme; on soustrait le produit du premier reste, et l'on obtient un second reste. On opère sur ce second reste et sur les suivants, comme sur le premier; on obtient ainsi les termes successifs du quotient. Si le dividende est le produit exact du diviseur par un polynome entier, on obtient zéro pour dernier reste, et l'opération est terminée.*

(Dans chaque division partielle de monomes, il faut observer la règle des signes *, qui consiste en ce que deux termes de même signe donnent un quotient positif, et deux termes de signe contraire un quotient négatif.)*

44. **Remarque I.** On reconnaît que la division ne peut s'effectuer exactement : 1° lorsque le diviseur contient une lettre qui n'entre pas au dividende ; 2° lorsque la plus haute puissance d'une lettre au diviseur surpasse la plus haute puissance de la même lettre au dividende; 3° lorsque, après avoir ordonné le dividende et le diviseur par rapport aux puissances, décroissantes par exemple, d'une même lettre, quelle qu'elle soit, le premier terme du dividende n'est pas exactement divisible par le premier terme du diviseur ; 4° lorsque le dernier terme du dividende n'est pas exactement divisible par le dernier terme du diviseur; 5° enfin lorsque, dans le courant de l'opération, le premier terme d'un reste n'est pas exactement divisible par le premier terme du diviseur.

REMARQUE II. Lorsqu'il se manifeste une impossibilité dans le courant de l'opération, le reste auquel on est parvenu est ce qu'on appelle le *reste de l'opération*. Si l'on ajoute ce reste au produit du diviseur par l'ensemble des termes obtenus au quotient, on doit reproduire le dividende.

Soit, par exemple, à diviser

$$12\,a^2x^3 + 7a^3x^2 - 8\,a^4x + 2\,a^5$$

par
$$4\,ax^2 + 5\,a^2x - 6\,a^3 \ .$$

En opérant comme précédemment,

$$
\begin{array}{l|l}
12a^2x^3 + \ 7a^3x^2 - \ 8a^4x + \ 2a^5 & 4ax^2 + 5a^2x - 6a^3 \\
-12a^2x^3 - 15a^3x^2 + 18a^4x & \overline{3ax \ -2a^2} \\
\end{array}
$$

1er reste $\quad - 8a^3x^2 + 10a^4x + 2a^5$

$\quad\quad\quad\quad + 8a^3x^2 + 10a^4x - 12a^5$

2e reste $\quad\quad\quad +20a^4x - 10a^5$,

on obtient d'abord au quotient les deux termes $3\,ax$ et $-2\,a^2$; puis l'on parvient à un second reste $20a^4x - 10a^5$ dont le premier terme n'est pas divisible par le premier terme du diviseur, puisqu'il contient la lettre ordonnatrice à une puissance moindre. Il en résulte que l'opération ne peut s'effectuer exactement, et que le dividende est égal au produit du diviseur par $3\,ax - 2\,a^2$, augmenté du reste $20\,a^4x - 10a^5$; ce qu'il est facile de vérifier.

§ V. Des fractions algébriques.

45. Lorsqu'une division est impossible, on se contente de l'indiquer : pour cela on écrit le diviseur au-dessous du dividende en les séparant par un trait horizontal appelé *barre de division* (**11**). Ainsi, dans l'exemple du n° **44**, lorsque l'on est parvenu au reste $20\,a^4x - 10\,a^5$, l'opération ne pouvant être continuée, on indiquerait le quotient de ce reste par le diviseur, sous la forme

$$\frac{20\,a^4x - 10\,a^5}{4\,ax^2 + 5\,a^2x - 6\,a^3}$$

et cette expression serait ce qu'il faut ajouter au quotient déjà obtenu pour le compléter.

Une expression de cette forme est ce qu'on nomme une *fraction algébrique* ; mais le sens qu'on attache ici au mot fraction n'est point le même qu'en arithmétique. Dans une fraction ordinaire, en effet, les deux termes sont nécessairement entiers ; dans une fraction algébrique, au contraire, les deux termes peuvent prendre des valeurs quelconques, entières ou fractionnaires, par suite des valeurs particulières attribuées aux lettres qui y entrent. (Ils peuvent même prendre des valeurs négatives, mais nous faisons abstraction de ce cas dans le présent chapitre.) On ne doit donc entendre par fraction algébrique qu'un quotient dans lequel le dividende prend le nom de numérateur, et le diviseur celui de dénominateur.

Le calcul des fractions algébriques a d'ailleurs la plus grande analogie avec celui des fractions ordinaires.

46. *On ne change pas la valeur d'une fraction algébrique en multipliant ou en divisant à la fois ses deux termes par une même quantité.*

Supposons, en effet, pour fixer les idées, que, par suite des valeurs attribuées aux lettres qui entrent dans la fraction algébrique, son numérateur prenne la valeur $\frac{6}{5}$ et son dénominateur la valeur $\frac{7}{11}$, la valeur de la fraction sera le quotient de ces deux expressions fractionnaires c'est-à-dire

$$\frac{6 \times 11}{5 \times 7} \, .$$

Concevons maintenant que l'on multiplie les deux termes $\frac{6}{5}$ et $\frac{7}{11}$ par une même quantité qui ait la valeur $\frac{4}{3}$; ces deux termes deviendront respectivement $\frac{6 \times 4}{5 \times 3}$ et $\frac{7 \times 4}{11 \times 3}$; leur quotient deviendra donc

$$\frac{6 \times 4 \times 11 \times 3}{5 \times 3 \times 7 \times 4}$$

ou, en supprimant les facteurs communs 4 et 3,

$$\frac{6 \times 11}{5 \times 7} \, ,$$

c'est-à-dire que le quotient n'a pas changé.

On démontrerait de la même manière qu'*une fraction algébrique ne change pas de valeur si l'on divise ses deux termes par une même quantité.*

Ainsi les expressions

$$\frac{2a}{3b} \, , \quad \frac{4a^2}{6ab} \, , \quad \frac{4a^2 - 2ab}{6ab - 3b^2} \, ,$$

sont des fractions équivalentes; car on obtient la seconde en multipliant les deux termes de la première par $2a$, et la troisième en multipliant les deux termes de la première par $2a - b$; ou bien on obtiendrait la première en divisant les deux termes de la seconde par $2a$, ou les deux termes de la troisième par $2a - b$.

47. Pour simplifier une fraction, il faut supprimer les facteurs communs à ses deux termes. Ces facteurs sont faciles à apercevoir si les deux termes sont monomes.

Soit, par exemple, la fraction

$$\frac{48\, a^3 b^2 x^4}{60\, a^2 b x^6} \, ,$$

on aperçoit sur-le-champ que les deux termes sont divisibles par $12\, a^2 b x^4$; et, en effectuant la division, il vient

$$\frac{4\, ab}{5\, x^2} \, .$$

Si les deux termes sont polynomes, il faut chercher les facteurs communs à tous les termes de chaque polynome, et les mettre en évidence (**42**) ; on aperçoit alors facilement les facteurs monomes qui peuvent être communs aux deux termes de la fraction. Quant aux polynomes mis entre parenthèses, il arrive quelquefois qu'ils se décomposent à vue en facteurs polynomes plus simples, et que cette décomposition met en évidence des facteurs polynomes communs aux deux termes de la fraction.

Soit, par exemple, la fraction

$$\frac{36\, a^5 b^2 - 36 a^3 b^4}{54\, a^4 b^3 - 108\, a^3 b^4 + 54 a^2 b^5} \, .$$

Le numérateur peut se mettre sous la forme

$$36\, a^3 b^2 (a^2 - b^2)$$

ou, en vertu de ce qu'on a vu au n° **36**,

$$36 a^3 b^2 (a + b)(a - b) \, .$$

Le dénominateur peut s'écrire

$$54\,a^2b^3(a^2 - 2\,ab + b^2)$$

ou, en vertu de ce qu'on a vu au lieu cité,

$$54\,a^2b^3(a - b)(a - b)\ .$$

La fraction proposée peut donc se mettre sous la forme

$$\frac{36\,a^3b^2(a + b)(a - b)}{54\,a^2b^3(a - b)(a - b)}\ .$$

On reconnaît alors que ses deux termes sont divisibles par $18\,a^2b^2$ et par $(a - b)$; supprimant ces facteurs communs, il reste

$$\frac{2\,a(a + b)}{3\,b(a - b)} \quad \text{ou} \quad \frac{2\,a^2 + 2\,ab}{3\,ab - 3\,b^2}\ .$$

L'habitude de ces transformations est d'un grand secours dans les calculs algébriques.

48. Si l'on a une fraction algébrique jointe à une quantité entière, on peut réduire le tout en une seule expression fractionnaire d'après les mêmes règles qu'en arithmétique. En effet, il est clair qu'on ne change pas la valeur de la quantité entière en la multipliant et en la divisant en même temps par le dénominateur de la fraction ; on obtient ainsi deux quantités fractionnaires de même dénominateur ; et l'on peut les réunir en une seule, en faisant la somme des numérateurs et donnant à cette somme le dénominateur commun ; car diviser une somme revient à diviser ses parties et à faire la somme des quotients.

Soit, par exemple, l'expression

$$4\,b + \frac{(a - b)^2}{a} \quad \text{ou} \quad 4\,b + \frac{a^2 - 2\,ab + b^2}{a}\ ,$$

on aura successivement

$$\frac{4ab + a^2 - 2ab + b^2}{a} \quad \text{ou} \quad \frac{a^2 + 2ab + b^2}{a}$$

ou enfin (36) $\quad \dfrac{(a+b)^2}{a}$.

Réciproquement : lorsqu'on a une expression fractionnaire dans laquelle, le numérateur et le dénominateur étant ordonnés par rapport aux puissances d'une même lettre, le premier terme du numérateur est exactement divisible par le premier terme du dénominateur, on peut opérer une ou plusieurs divisions partielles, qui fourniront un quotient partiel entier, et l'on complétera ce quotient par une fraction ayant pour numérateur le reste et pour dénominateur le diviseur, c'est-à-dire le dénominateur de l'expression proposée.

Soit, par exemple, la fraction

$$\frac{12a^2x^3 + 7a^3x^2 - 8a^4x + 2a^5}{4ax^2 + 5a^2x - 6a^3} .$$

On a vu au n° 43 que si l'on divise le numérateur par le dénominateur on obtient pour quotient $3ax - 2a^2$ et pour reste $20a^4x - 10a^5$. On pourra donc mettre la fraction proposée sous la forme

$$3ax - 2a^2 + \frac{20a^4x - 10a^5}{4ax^2 + 5a^2x - 6a^3} .$$

Soit de même la fraction

$$\frac{(a - b)^2}{a - 2b} \quad \text{ou} \quad \frac{a^2 - 2ab + b^2}{a - 2b} .$$

Effectuant la division, on obtient pour quotient a et

3.

pour reste b^2 ; on peut donc écrire la fraction proposée sous la forme

$$a + \frac{b^2}{a - 2b} \cdot$$

Ces diverses transformations sont au nombre de celles dont l'Algèbre fait un plus fréquent usage, soit dans la solution des problèmes, soit dans la démonstration des théorèmes de calcul.

49. Pour additionner deux fractions algébriques de même dénominateur, il suffit évidemment d'additionner les numérateurs et de donner à la somme le dénominateur commun ; puisque, comme nous l'avons rappelé déjà, diviser une somme est la même chose que de diviser séparément les parties et de faire la somme des quotients.

Si les fractions à additionner n'ont pas le même dénominateur, on les réduira au même dénominateur en multipliant les deux termes de chacune par le produit des dénominateurs de toutes les autres, ce qui ne changera pas leur valeur (**46**).

Soit, par exemple, à additionner les fractions

$$\frac{a^2 - ab}{a + b} \,, \quad \frac{a^2 + ab}{a - b} \,, \quad \frac{a^2 - b^2}{a} \cdot$$

Multipliant les deux termes de la première par $a - b$ et par a, les deux termes de la seconde par $a + b$ et par a, et les deux termes de la troisième par $a + b$ et par $a - b$, elles deviendront :

$$\frac{a^4 - 2a^3b + a^2b^2}{a^3 - a^2b} \,, \quad \frac{a^4 + 2a^3b + a^2b^2}{a^3 - a^2b} \,, \quad \frac{a^4 - 2a^2b^2 + b^4}{a^3 - a^2b} \,;$$

ajoutant les numérateurs, et donnant à la somme le dénominateur commun, il viendra, après réductions,

$$\frac{3\,a^4 + b^4}{a^3 - a^2 b}\,.$$

Si les dénominateurs des fractions proposées ont des facteurs communs, on peut obtenir un dénominateur commun plus simple que le produit des dénominateurs. Pour cela, on suivra la même marche qu'en arithmétique ; ayant décomposé les dénominateurs en facteurs aussi simples qu'on le pourra, on fera le produit de tous ces facteurs simples, en affectant chacun de son plus haut exposant ; on aura ainsi le dénominateur commun. On le divisera par le dénominateur de chaque fraction, et l'on multipliera son numérateur par le quotient obtenu. On aura ainsi les nouveaux numérateurs, sous lesquels on écrira le dénominateur commun. Les fractions étant ainsi réduites au même dénominateur, on les additionnera comme ci-dessus.

50. Pour soustraire l'une de l'autre deux fractions algébriques, on commence par les réduire au même dénominateur, on soustrait le numérateur de l'une du numérateur de l'autre, et l'on donne à la différence le dénominateur commun.

Soit, par exemple, à soustraire de $\dfrac{a + b}{a - b}$ la fraction $\dfrac{a - b}{a + b}$; ces fractions réduites au même dénominateur deviennent respectivement $\dfrac{a^2 + 2ab + b^2}{a^2 - b^2}$ et $\dfrac{a^2 - 2ab + b^2}{a^2 - b^2}$.

Si du premier numérateur on retranche le second, on trouve pour reste $4ab$; donnant à cette différence le dénominateur commun, il vient

$$\frac{4\,ab}{a^2 - b^2}\,.$$

51. Pour multiplier l'une par l'autre une fraction algébrique et une quantité entière, il suffit de multiplier le numérateur de la fraction par la quantité entière et de donner au produit le dénominateur de la fraction.

Concevons, en effet, que par suite des valeurs attribuées aux lettres, le numérateur de la fraction prenne la valeur $\frac{5}{3}$ et son dénominateur la valeur $\frac{7}{4}$; concevons de même que la quantité algébrique entière prenne la valeur numérique fractionnaire $\frac{2}{9}$. La fraction algébrique aura pour valeur le quotient de $\frac{5}{3}$ par $\frac{7}{4}$ ou $\frac{5 \times 4}{3 \times 7}$; et le produit de cette quantité par $\frac{2}{9}$ sera $\frac{5 \times 4 \times 2}{3 \times 7 \times 9}$.

Multiplions maintenant le numérateur $\frac{5}{3}$ de la fraction algébrique par la quantité $\frac{2}{9}$, le produit sera $\frac{5 \times 2}{3 \times 9}$; si nous lui donnons pour dénominateur $\frac{7}{4}$, le résultat sera le quotient de $\frac{5 \times 2}{3 \times 9}$ par $\frac{7}{4}$ ou bien $\frac{5 \times 2 \times 4}{3 \times 9 \times 7}$; résultat qui ne diffère de celui que nous avons obtenu d'abord, que par l'ordre des facteurs, lequel ordre est, comme on sait, indifférent.

Soit, par exemple, à multiplier $\frac{ab}{a^2 - b^2}$ par $a - b$, le produit sera $\frac{ab(a - b)}{a^2 - b^2}$ ou $\frac{ab(a - b)}{(a + b)(a - b)}$, ou enfin $\frac{ab}{a + b}$.

On aurait pu, au lieu de multiplier le numérateur de la fraction par la quantité entière, diviser son dénominateur, le résultat eût été le même ; c'est ce qu'on démontrerait facilement comme ci-dessus.

REMARQUE. Pour multiplier une fraction algébrique par son dénominateur, il suffit de le supprimer. Soit, en effet, pour plus de simplicité, la fraction $\frac{a}{b}$; si on la multiplie par b, on aura, d'après la règle précédente $\frac{ab}{b}$, ou, en effectuant la division indiquée, a simplement, résultat auquel on fût parvenu en supprimant le dénominateur.

52. Pour multiplier deux fractions algébriques l'une par l'autre, il faut multiplier les numérateurs entre eux et les dénominateurs entre eux.

Supposons, en effet, que le numérateur de la première fraction ait la valeur $\frac{5}{3}$ et son dénominateur la valeur $\frac{7}{4}$; que le numérateur de la seconde ait pour valeur $\frac{2}{9}$ et son dénominateur $\frac{11}{8}$. La première fraction aura pour valeur le quotient de $\frac{5}{3}$ par $\frac{7}{4}$ ou $\frac{5\times4}{3\times7}$. La seconde fraction aura pour valeur le quotient de $\frac{2}{9}$ par $\frac{11}{8}$ ou $\frac{2\times8}{9\times11}$. Le produit des deux fractions a donc pour valeur $\frac{5\times4\times2\times8}{3\times7\times9\times11}$.

Multiplions maintenant entre eux les numérateurs $\frac{5}{3}$ et $\frac{2}{9}$ des fractions algébriques proposées, le produit sera $\frac{5\times2}{3\times9}$; multiplions de même leurs dénominateurs $\frac{7}{4}$ et

$\dfrac{11}{8}$; le produit sera $\dfrac{7 \times 11}{4 \times 8}$. La fraction algébrique qui aura pour numérateur le produit des numérateurs des fractions proposées, et pour dénominateur le produit de leurs dénominateurs sera donc le quotient de $\dfrac{5 \times 2}{3 \times 9}$ par $\dfrac{7 \times 11}{4 \times 8}$, ou bien $\dfrac{5 \times 2 \times 4 \times 8}{3 \times 9 \times 7 \times 11}$; résultat qui ne diffère de celui que nous avions obtenu d'abord que par l'ordre des facteurs.

Soit, par exemple, à multiplier $\dfrac{6\,ab}{a^2 - b^2}$ par $\dfrac{a+b}{2\,a}$; le produit sera $\dfrac{6\,ab(a+b)}{2\,a(a^2 - b^2)}$ ou $\dfrac{6\,ab(a+b)}{2\,a(a+b)(a-b)}$, ou enfin $\dfrac{3\,b}{a-b}$.

La même règle s'étendrait sans peine à un nombre quelconque de fractions.

85. On démontrerait comme ci-dessus : 1° Que pour diviser une fraction algébrique par une quantité entière, il faut multiplier son dénominateur par cette quantité entière (ou diviser son numérateur si cela est possible).

Exemple. Le quotient de $\dfrac{a^2 - b^2}{2\,a}$ par $a - b$ est

$$\dfrac{a^2 - b^2}{2\,a(a-b)} \quad \text{ou} \quad \dfrac{(a+b)(a-b)}{2\,a(a-b)} \quad , \text{ou enfin} \quad \dfrac{a+b}{2\,a} .$$

2° Que pour diviser une quantité entière par une fraction, il faut multiplier la quantité entière par le dénominateur de la fraction, et diviser le produit par le numérateur.

Exemple. Le quotient de $a^2 - b^2$ par $\dfrac{ab + b^2}{2\,a}$ est

$$\frac{(a^2-b^2)\,2\,a}{ab+b^2} \quad \text{ou} \quad \frac{(a+b)(a-b)\,2\,a}{(a+b)\,b} \,, \quad \text{ou} \quad \frac{(a-b)\,2\,a}{b} \,, \quad \text{ou}$$

enfin $\dfrac{2\,a^2-2\,ab}{b}$.

3° Que pour diviser une fraction algébrique par une autre, il faut multiplier la fraction dividende par la fraction diviseur renversée.

EXEMPLE. Le quotient de $\dfrac{2\,a^2 x-2\,b^2 x}{5\,ab}$ par $\dfrac{4\,ab^2-4\,b^3}{15\,ax}$

est $\dfrac{(2a^2 x-2b^2 x).15ax}{5\,ab(4\,ab^2-4\,b^3)}$ ou $\dfrac{2.3.5\,.\,ax^2.(a+b)(a-b)}{2^2.\,5\,.\,a\,.\,b^3(a-b)}$;

ou enfin $\dfrac{3\,x^2(a+b)}{2\,b^3}$.

Ces règles sont faciles à retenir, puisque, comme on a pu le remarquer, elles sont exactement les mêmes qu'en arithmétique.

54. Si l'on avait à multiplier ou à diviser des expressions algébriques formées d'une partie entière et d'une fraction, on commencerait par réduire la partie entière et la fraction en une seule expression fractionnaire (**48**); on opérerait ensuite comme pour des fractions.

Soit, par exemple, à diviser $3\,a-\dfrac{3\,b^2}{a}$ par $\dfrac{a^2}{b}-a$.

Ces deux expressions reviennent à $\dfrac{3\,a^2-3\,b^2}{a}$ et $\dfrac{a^2-ab}{b}$.

Leur quotient est donc $\dfrac{(3\,a^2-3\,b^2)\,b}{a(a^2-ab)}$, ou bien

$\dfrac{3\,b(a+b)(a-b)}{a^2(a-b)}$, ou enfin $\dfrac{3\,b(a+b)}{a^2}$.

CHAPITRE III.

§ I. Notions générales sur les égalités.

55. On a vu au n° **14** que pour exprimer que deux quantités sont égales, on les écrit à la suite l'une de l'autre en les séparant par le signe $=$. Deux expressions algébriques séparées par ce signe forment ce qu'on appelle, en général, une *égalité*; et les quantités placées de part et d'autre du signe sont les deux *membres* de l'égalité. Par exemple :

$$a + b = c - d \; ; \quad (x - a)(x + a) = x^2 - a^2 \; ; \quad \frac{3x - 1}{8} = 4$$

sont des égalités. La quantité $a + b$ est le premier membre de la première ; $c - d$ en est le second membre ; et ainsi des autres.

Mais ces égalités sont, comme on va le voir, d'espèces très-différentes.

I. Il peut arriver que, dans un problème où figurent des quantités données a, b, c, d auxquelles on n'attribue pas de valeurs particulières, ces quantités soient néanmoins assujetties, par la nature même de la question, à satisfaire à la condition

$$a + b = c - d \; ;$$

cette condition serait plus particulièrement une *égalité*, ou une simple *relation*.

II. L'égalité $\quad (x - a)(x + a) = x^2 - a^2$

se distingue de la précédente en ce que, si l'on effectue les calculs indiqués, le premier membre devient identiquement égal au second

$$x^2 - a^2 = x^2 - a^2 \ .$$

Elle jouit, en conséquence, de la propriété caractéristique d'être satisfaite quelles que soient les valeurs qu'on attribue aux lettres qui y entrent. Si, par exemple, on remplace x par 2 et a par 1, elle donne :

$(2 - 1)(2 + 1) = 2^2 - 1^2$ ou $1 \times 3 = 4 - 1$ ou $3 = 3$.

Si l'on remplace x par 5 et a par 2, elle donne :

$(5 - 2)(5 + 2) = 5^2 - 2^2$ ou $3 \times 7 = 25 - 4$ ou $21 = 21$;

si l'on remplace x par $\dfrac{4}{3}$ et a par 1, elle donne :

$$\left(\frac{4}{3} - 1\right)\left(\frac{4}{3} + 1\right) = \left(\frac{4}{3}\right)^2 - 1^2 \text{ ou } \frac{1}{3} \times \frac{7}{3} = \frac{16}{9} - 1 \text{ ou } \frac{7}{9} = \frac{7}{9} \ ,$$

et ainsi de suite.

Les égalités de cette espèce portent le nom d'*identités*.

III. L'égalité $\quad \dfrac{3x - 1}{8} = 4$

est satisfaite lorsqu'on y remplace x par 11 ; car 3 fois 11 font 33 ; 33 — 1 font 32 ; 32 divisé par 8 donne bien 4. Mais cette égalité cesserait d'être vérifiée si l'on y mettait à la place de x toute autre valeur que le nombre 11.

On donne le nom d'*équation* à toute égalité de cette espèce, exprimant une relation entre une quantité inconnue et des quantités données, et qui ne peut être satisfaite que par certaines valeurs déterminées de l'inconnue.

(Nous considérerons plus tard le cas où il y a plusieurs inconnues.)

REMARQUE. On peut remarquer que les simples relations d'égalité deviennent des équations lorsqu'on y regarde comme inconnue l'une des lettres qui y entrent. Si, par exemple, dans la relation

$$a + b = c - d$$

trois seulement des quantités a, b, c, d étant supposées données b, c, d, par exemple, on se proposait d'en déduire la quatrième, a, cette simple relation d'égalité deviendrait une équation où a serait l'inconnue.

56. On peut faire subir aux égalités toutes les transformations qui n'empêchent pas les deux membres de rester égaux; ainsi, on peut ajouter une même quantité aux deux membres, soustraire une même quantité des deux membres, multiplier les deux membres par une même quantité, diviser les deux membres par une même quantité.

I. Les deux premières propriétés servent à *faire passer un terme d'un membre dans un autre,* transformation qui est très-fréquemment employée. Pour l'effectuer, il suffit d'effacer du membre où il était le terme que l'on veut changer de membre, et de l'écrire dans l'autre avec un signe contraire à celui qu'il avait.

Prenons pour exemple l'égalité

$$a + b = c - d \,,$$

et supposons qu'on veuille faire passer le terme b dans le second membre. Si, d'abord, on l'efface dans le premier, comme il était additif, on diminue ce membre de la quantité b ; pour ne pas troubler l'égalité, il faut donc diminuer aussi le second membre de b, ce qui se fera en y écrivant $-b$. On aura ainsi :

$$a = c - d - b \, .$$

Supposons maintenant qu'on veuille faire passer le terme d du second membre dans le premier. Si d'abord on l'efface dans le second, comme il était soustractif, on augmente ce second membre de la quantité d ; pour ne pas troubler l'égalité, il faut donc augmenter aussi le premier membre de d, ce qui se fera en y écrivant $+d$; et l'on aura :

$$a + d = c - b \, .$$

Ainsi, *pour faire passer un terme d'un membre dans un autre il faut changer son signe.*

Remarque. Cette faculté de faire passer un terme d'un membre dans un autre, permet de réduire entre eux les termes semblables qui se trouvent dans les deux membres. Ainsi l'égalité

$$3\,a^2 - 6\,ab + b^2 = 2\,a^2 + 2\,ab - 15\,b^2$$

peut s'écrire $\quad 3\,a^2 - 6\,ab + b^2 - 2\,a^2 - 2\,ab + 15\,b^2 = 0$,

ou, plus simplement, $\quad a^2 - 8\,ab + 16\,b^2 = 0$.

Lorsqu'un même terme se trouve dans les deux membres avec le même signe, on peut le supprimer de part et d'autre, car cela revient à retrancher une même quantité aux deux membres si ce terme est additif, ou à l'ajouter aux deux membres s'il est soustractif.

Ainsi l'égalité $\quad a^2 - 4\,ab + b^2 = b^2 - 4\,ab + c^2$

revient à $\qquad\qquad\qquad a^2 = c^2$.

57. **II.** La troisième propriété, qui permet de multiplier les deux membres par une même quantité, sert à *faire disparaître les dénominateurs* lorsqu'il y en a. Pour cela, on commence par réduire tous les termes de l'égalité, tant entiers que fractionnaires, au même dénominateur (**48, 49**); il est alors permis de supprimer ce dénominateur, car cette suppression revient à multiplier tous les termes de l'égalité, et par conséquent les deux membres, par ce dénominateur même (**51**, Rem.).

Soit, par exemple, l'égalité

$$a - \frac{b^2}{a} = c + \frac{d^2}{c} \ ,$$

en réduisant tous les termes au même dénominateur ac, on a d'abord

$$\frac{a^2 c}{ac} - \frac{b^2 c}{ac} = \frac{ac^2}{ac} + \frac{ad^2}{ac} \ ,$$

et, en supprimant le dénominateur commun, ce qui revient à multiplier tous les termes par ac, il vient

$$a^2 c - b^2 c = ac^2 + ad^2 \ .$$

Ainsi, *pour faire disparaître les dénominateurs d'une égalité, il suffit de réduire tous les termes au même dénominateur, et de supprimer ensuite le dénominateur commun.*

58. **III.** La quatrième propriété, qui permet de diviser les deux membres par une même quantité, sert à supprimer les facteurs communs aux deux membres, quand il s'en trouve. Cette suppression simplifie les calculs. Soit pour exemple l'égalité

$$4a^3 - 8a^2 b + 4ab^2 = 6a^2 b - 6b^3 \ ,$$

si l'on met en évidence (**42**), dans chaque membre, les facteurs communs à tous les termes, il vient

$$4\,a(a^2 - 2\,ab + b^2) = 6\,b(a^2 - b^2)$$

ou
$$4\,a(a - b)^2 = 6\,b(a + b)(a - b)\;.$$

Sous cette forme, on voit que les deux membres sont divisibles par $2(a - b)$. Effectuant cette division, il reste l'égalité plus simple.

$$2\,a(a - b) = 3\,b(a + b)$$

ou
$$2\,a^2 - 2\,ab = 3\,ab + 3\,b^2\;.$$

59. Les équations à une seule inconnue se distinguent les unes des autres par leur *degré*; on nomme degré d'une équation, le plus haut exposant de l'inconnue lorsqu'on a fait disparaître les dénominateurs, effectué les calculs indiqués, et opéré la réduction des termes semblables (**56**).

L'équation $3x + 1 = 4 - 2x$ est du *premier degré*, parce que le plus haut exposant de x est l'unité.

L'équation $ax^2 - bx = cx - d$ est du *second degré*, parce que le plus haut exposant de x est 2 .

L'équation $ax^2 + bx^4 = c$ est du *quatrième degré*, parce que le plus haut exposant de x est 4 . Et ainsi de suite.

L'équation $$(x - a)^2 - x^2 = b^2$$

qui paraît du second degré au premier abord, n'est réellement que du premier, parce que, lorsqu'on a développé $(x - a)^2$ et fait la réduction des termes semblables, il reste

$$a^2 - 2\,ax = b^2\;.$$

L'équation $$ax + \frac{b}{x} = c$$

au contraire, dans laquelle x n'entre qu'à la première

puissance, est réellement du second degré, parce que, lorsqu'on a fait disparaître les dénominateurs, elle devient

$$ax^2 + b = cx$$

où x entre avec l'exposant 2 .

Nous ne nous occuperons d'abord que des équations du premier degré.

On distingue encore les équations en équations *numériques* et en équations *littérales,* suivant que les quantités données qui y entrent sont exprimées par des *nombres* ou représentées par des *lettres.*

§ II. De la résolution des équations du premier degré à une seule inconnue.

60. *Résoudre* une équation, c'est déterminer les valeurs qui, mises à la place de l'inconnue, rendent le premier membre égal au second, et changent par conséquent l'équation en identité.

Pour résoudre une équation, on cherche à la transformer en une autre, dans laquelle l'inconnue soit seule et à la première puissance dans un membre, l'autre membre ne contenant que des quantités connues. Si, par exemple, en opérant de cette manière, on arrive à une équation telle que $x = 4$, comme cette équation est évidemment satisfaite quand on y remplace x par 4 , il s'ensuit que le nombre 4 est une valeur de l'inconnue.

Si, de même, on parvient à une équation telle que $x = a - b$, il s'ensuit que $a - b$ est la valeur de l'inconnue.

Pour résoudre une équation quelconque du premier de-

gré à une seule inconnue, on suit une marche uniforme que l'on peut résumer de cette manière :

1° Faire disparaître les dénominateurs (**57**).

2° Effectuer les multiplications indiquées, s'il y en a.

3° Faire passer dans un même membre tous les termes qui contiennent l'inconnue, et dans l'autre membre tous les termes qui en sont indépendants (**56**).

4° Opérer la réduction des termes semblables (**22**).

Il convient de choisir le membre où l'on réunit les termes affectés de l'inconnue, de manière que, si les facteurs qui multiplient l'inconnue sont numériques, l'ensemble des termes positifs l'emporte sur l'ensemble des termes négatifs, et que, si ces facteurs sont littéraux, il y ait au moins un terme positif, ce qui sera toujours possible.

5° Mettre l'inconnue en facteur commun (**42**) dans le membre où elle se trouve (s'il y a plusieurs termes affectés de l'inconnue qui n'aient pu se réduire).

6° Diviser les deux membres par la quantité qui multiplie l'inconnue (**56**).

De cette manière, on aura passé par une suite d'équations équivalentes, dont la dernière présentera l'inconnue seule dans un membre et des quantités connues dans l'autre ; c'est-à-dire que l'on aura obtenu la valeur de l'inconnue.

Soit pour premier exemple l'équation numérique :

$$\frac{2x-1}{5} - 3 = \frac{x+3}{8} \ .$$

Faisant disparaître les dénominateurs, nous aurons

$$2x \times 8 - 8 - 3 \times 5 \times 8 = x \times 5 + 3 \times 5 \ .$$

Effectuons les multiplications , l'équation deviendra

$$16\,x - 8 - 120 = 5\,x + 15 \ .$$

Faisons passer dans le premier membre tous les termes en x , et dans le second tous les termes indépendants de x , il viendra

$$16\,x - 5\,x = 15 + 8 + 120 \ ;$$

ou , en faisant la réduction des termes semblables ,

$$11\,x = 143 \ .$$

Divisons les deux membres par le nombre 11 qui multiplie x , nous aurons enfin

$$x = \frac{143}{11} \ , \text{ou, en effectuant la division}, \quad x = 13 \ .$$

On peut vérifier, en effet, que si dans l'équation proposée on met 13 à la place de x , chacun des deux membres se réduit à 2 ; en sorte que l'équation est satisfaite.

Soit pour second exemple l'équation littérale

$$\frac{2\,x + 8\,b}{a + b} = \frac{x - 2\,a}{a - b} + 5 \ .$$

Faisons disparaître les dénominateurs, nous aurons

$$(2\,x + 8\,b)(a - b) = (x - 2\,a)(a + b) + 5(a + b)(a - b) \ ,$$

ou , en effectuant les multiplications indiquées,

$$2ax + 8ab - 2bx - 8b^2 = ax - 2a^2 + bx - 2ab + 5a^2 - 5b^2 \ .$$

Faisons passer dans le premier membre tous les termes affectés de x , et dans le second tous les termes indépendants de x , il viendra

$$2ax - 2bx - ax - bx = -2a^2 - 2ab + 5a^2 - 5b^2 - 8ab + 8b^2 \ ,$$

ou, en opérant la réduction des termes semblables,

$$ax - 3bx = 3a^2 - 10ab + 3b^2 .$$

Mettons x en évidence dans le premier membre, l'équation prendra la forme

$$(a - 3b)x = 3a^2 - 10ab + 3b^2 .$$

Divisons enfin les deux membres par la quantité $a - 3b$ qui multiplie x, nous obtiendrons

$$x = \frac{3a^2 - 10ab + 3b^2}{a - 3b} ,$$

ou, en effectuant la division indiquée,

$$x = 3a - b ,$$

La valeur de l'inconnue est donc $3a - b$; et, en effet, il est facile de vérifier que si l'on remplace x par cette valeur, les deux membres de l'équation proposée se réduisent tous deux à 6.

EXEMPLES. Le lecteur pourra s'exercer sur les exemples suivants :

$$\frac{5x - 2}{3} - 6 = \frac{4x - 3}{5} \quad (\text{d'où} \quad x = 7) ;$$

$$\frac{2x + 7b}{2a + b} - 1 = \frac{x + a}{2a - b} \quad (\text{d'où} \quad x = 3a - 2b) .$$

§ III. Problèmes qui conduisent à une équation du premier degré à une seule inconnue.

61. La résolution d'un problème d'Algèbre se compose nécessairement de deux parties. Dans la première on cherche à exprimer les relations que l'énoncé établit entre les inconnues et les données, ce qui conduit toujours à un certain nombre d'équations, si le problème est réellement du ressort de l'Algèbre. Dans la seconde on cherche à déduire de ces équations les valeurs des inconnues.

L'Algèbre donne des règles certaines pour la résolution des équations ; quant à la première partie, qu'on appelle la *mise en équations,* elle ne saurait être astreinte à des lois aussi certaines, vu l'immense variété des problèmes qu'on peut avoir à résoudre. Il existe cependant une sorte de *marche à suivre* qu'on peut formuler de cette manière : INDIQUER *sur les lettres qui représentent les inconnues et sur les données numériques ou littérales les opérations* QUE L'ON EFFECTUERAIT *, si, après avoir trouvé les valeurs des inconnues, on se proposait de les vérifier.* L'usage que nous ferons de cette règle en fera comprendre l'esprit et la portée.

Nous ne nous occuperons dans ce paragraphe que des problèmes qui conduisent à une seule équation du premier degré à une seule inconnue.

62. PREMIER PROBLÈME. *Un père a 37 ans, son fils en a 12 ; on demande dans combien d'années l'âge du père sera le double de celui du fils.*

Désignons par x le nombre d'années cherché. Si ce nombre d'années était connu, et que l'on voulût le vérifier, on dirait :

Le père ayant 37 ans, dans x années il en aura $37 + x$; à la même époque, le fils en aura $12 + x$; d'après l'énoncé, le double de cet âge, c'est-à-dire $(12+x) \times 2$ doit valoir l'âge du père ; on doit donc avoir l'égalité

$$(12 + x) \times 2 = 37 + x \ .$$

On a ainsi obtenu l'équation du problème. En la résolvant **(60)**, on trouve

$$x = 13 \ .$$

Et, en effet, dans 13 ans, le fils aura $12 + 13$ ou 25 ans ; le père en aura $37 + 13$ ou 50, qui est bien le double de 25.

63. DEUXIÈME PROBLÈME. *On a 60 hectolitres de blé à $30\,fr.$ l'hectolitre ; combien faut-il y joindre de blé à $22\,fr.$ pour faire un mélange valant $25\,fr.$ l'hectolitre ?*

Désignons par x le nombre d'hectolitres cherché, et opérons comme si nous voulions vérifier ce nombre. Le prix des 60 hectolitres à $30\,fr.$ est $30^f \times 60$ ou $1800\,fr.$; le prix des x hectolitres à $22\,fr.$ est $22^f \times x$ ou $22x$; le prix total est donc $1800 + 22x$. Pour avoir le prix d'un hectolitre du mélange, il faut diviser le prix total par le nombre total d'hectolitres, qui est $60 + x$. Mais, d'après l'énoncé, ce prix doit être de $25\,fr.$; on a donc l'égalité

$$\frac{1800 + 22x}{60 + x} = 25 \; .$$

c'est l'équation du problème. En la résolvant, on trouve $x = 100$. Il faut donc prendre 100 hectolitres à $22\,fr.$

Le même problème, traité généralement, donnera une *formule* pour résoudre toutes les questions analogues. Soient n le nombre d'hectolitres donné, à a francs l'hectolitre, x le nombre d'hectolitres cherché à b francs l'hectolitre, soit enfin c le prix d'un hectolitre du mélange. Le prix total du blé sera $na + bx$ et le nombre total d'hectolitres $n + x$; on aura donc

$$\frac{na + bx}{n + x} = c \; ,$$

d'où l'on tire

$$x = \frac{n(a - c)}{c - b} \; ,$$

c'est-à-dire qu'il faut multiplier le nombre n d'hecto-litres donnés par la différence , $a - c$, entre le prix supérieur et le prix moyen, et diviser le produit par la différence, $c - b$, entre le prix moyen et le prix inférieur.

Si , par exemple , on suppose $n = 40$; $a = 24$, $b = 19$; $c = 21$, on trouvera

$$x = \frac{40 \times 3}{2} = 60 ,$$

64. Troisième problème. *Un ouvrier peut faire un certain ouvrage en 18 heures de travail ; un second ouvrier ferait le même ouvrage en 24 heures de travail ; un troisième le ferait en 36 heures . On demande combien d'heures les trois ouvriers travaillant ensemble emploieront à faire ce même ouvrage.*

Soit x le nombre d'heures cherché. Le premier ouvrier faisant l'ouvrage proposé en 18 heures , fera en 1 heure $\frac{1}{18}$ de cet ouvrage. En x heures il en fera donc une fraction marquée par $\frac{x}{18}$. Par une raison analogue, le second ouvrier, en x heures , fera $\frac{x}{24}$ de l'ouvrage proposé ; et le troisième ouvrier en fera $\frac{x}{36}$. Or, la somme de ces fractions de l'ouvrage doit faire l'ouvrage entier, qui est pris ici pour unité ; on doit donc avoir

$$\frac{x}{18} + \frac{x}{24} + \frac{x}{36} = 1$$

ou $\quad \dfrac{x(4 + 3 + 2)}{72} = 1 \quad$ d'où $\quad x = \dfrac{72}{9} = 8$.

Les trois ouvriers emploieront donc 8 heures .

On voit, en effet, qu'en 8 heures , le premier ouvrier fera les $\frac{8}{18}$ ou les $\frac{4}{9}$ de la tâche ; le second en fera les $\frac{8}{24}$ ou le tiers, qui revient à $\frac{3}{9}$; le troisième en fera les $\frac{8}{36}$ ou les $\frac{2}{9}$. Or, la somme

$$\frac{4}{9} + \frac{3}{9} + \frac{2}{9} \quad \text{fait} \quad \frac{9}{9} \quad \text{ou} \quad 1 ,$$

c'est-à-dire la tâche tout entière.

65. Le lecteur pourra s'exercer sur quelques-uns des problèmes dont les énoncés suivent :

I. *Partager* 24 *en deux parties telles que le* 5ᵐᵉ *de la première, plus le* 7ᵐᵉ *de la seconde, fassent* 4 *.* (Réponse : 10 et 14.)

II. *Un enfant, interrogé sur son âge, répond : « Dans* 16 *ans mon âge sera le triple de ce qu'il était il y a* 2 *ans . » On demande l'âge actuel de l'enfant.* (Réponse : 11 ans .)

III. *Une fontaine peut remplir un bassin en* 6 *heures , une autre peut le remplir en* 8 *heures , une troisième en* 10 *heures . Lorsqu'elles coulent ensemble pendant* 2 *heures , il s'en faut de* 26 *hectolitres que le bassin ne soit rempli. Quelle est sa capacité ?* (Réponse : 120 hectolitres .)

IV. *Une personne charitable partage* 50 *fr. entre* 20 *pauvres, parmi lesquels il y a un certain nombre d'hommes et de femmes, et un seul enfant ; elle donne* 3 *fr. à chaque homme,* 2 *fr. à chaque femme, et* 1 *fr. à l'enfant. On demande combien il y avait d'hommes, et combien il y avait de femmes.* (Réponse : 11 hommes et 8 femmes.

§ IV. Résolution d'un système de deux équations du premier degré à deux inconnues.

66. Lorsque, dans un problème, il y a deux inconnues, il faut que l'énoncé fournisse deux équations entre ces inconnues. Si, en effet, il n'en fournissait qu'une, on pourrait attribuer à l'une des inconnues une valeur arbitraire; on n'aurait plus alors qu'une équation ne contenant que la seconde inconnue, pour laquelle on trouverait un nombre limité de valeurs (une seule, par exemple, si l'équation était du premier degré par rapport à cette inconnue); et, comme on pourrait répéter ce calcul pour toutes les valeurs arbitraires attribuées à la première inconnue, on voit qu'il y aurait, en général, un nombre illimité de systèmes de valeurs propres à vérifier l'équation. On dit, dans ce cas, que le problème est *indéterminé*.

Si, par exemple, on n'avait entre deux inconnues x et y que l'équation unique

$$x - y = 1$$

on pourrait attribuer à y une valeur quelconque, la valeur correspondante de x serait

$$x = y + 1$$

ou la valeur attribuée à y, augmentée d'une unité. Il y aurait donc une infinité de solutions, et le problème serait indéterminé.

Nous supposerons donc dans ce paragraphe que l'énoncé du problème fournit deux équations du premier degré à deux inconnues.

67. Une équation à deux inconnues est dite du *premier*

degré lorsqu'après y avoir fait disparaître les dénominateurs et effectué les multiplications indiquées, s'il y en a, les inconnues n'y entrent qu'à la première puissance, et n'y sont point multipliées entre elles. D'après cela : une équation du premier degré à deux inconnues, x et y, ne peut renfermer que trois espèces de termes ; savoir : des termes contenant x à la première puissance, des termes contenant y à cette même puissance, et des termes indépendants de x et de y. Concevons qu'après avoir fait disparaître les dénominateurs (57), on ait réuni dans un même membre tous les termes qui contiennent les inconnues, et dans l'autre membre les termes qui en sont indépendants ; puis, qu'après avoir opéré les réductions, on ait mis x en évidence parmi tous les termes qui le contiennent, et qu'on en ait fait autant pour y ; l'équation se présentera sous la forme

$$ax + by = c \,,$$

dans laquelle a, b et c peuvent être des quantités numériques on algébriques, monomes ou polynomes.

La quantité a se nomme ordinairement le *coefficient* de x, et la quantité b se nomme le coefficient de y.

Nous admettrons donc que le problème fournisse deux équations de cette forme. *Résoudre* ces équations c'est trouver les valeurs qu'il faut attribuer aux inconnues pour satisfaire à la fois aux deux équations. Pour y parvenir on remarque d'abord que, si l'une des deux équations proposées ne renfermait que l'une des deux inconnues, les valeurs des deux inconnues s'obtiendraient immédiatement. Soit, en effet, une équation à deux inconnues

$$5x + 2y = 33 \qquad\qquad [1]$$

et une équation à une seule inconnue, qu'on peut toujours

supposer résolue ; par exemple

$$x = 5 \qquad [2] ;$$

si l'on met pour x la valeur 5 dans l'équation [1], elle devient

$$25 + 2y = 33 \qquad [3],$$

d'où $\qquad 2y = 33 - 25 = 8$ et $y = 4$.

Et ces valeurs $x = 5$, $y = 4$ sont les seules qui puissent satisfaire aux équations proposées [1] et [2] ; car la seconde exige que x soit égal à 5 ; et si x est égal à 5 , l'équation [1] se change en l'équation [3], qui revient à $y = 4$, et n'est satisfaite que quand on y met 4 à la place de y .

On voit donc que si l'une des équations proposées ne contenait que l'une des inconnues, x par exemple, cette équation donnerait immédiatement la valeur de x ; et en substituant cette valeur à la place de x dans l'équation à deux inconnues, on en tirerait la valeur correspondante de y ; et l'on aurait ainsi le système de valeurs de x et de y propre à satisfaire à la fois aux deux équations.

Tout l'artifice de la résolution d'un système de deux équations du premier degré à deux inconnues, consiste donc à déduire de ce système d'équations un système de deux autres équations, telles que l'une d'elles ne contienne que l'une des deux inconnues. C'est ce que l'on appelle *éliminer* une inconnue. Il y a pour cela plusieurs méthodes que nous allons exposer, en traitant d'abord des exemples particuliers.

68. Soient les deux équations :

$$5x + 2y = 33 \qquad [1]$$
$$7x - 3y = 23 \qquad [2] ;$$

proposons-nous d'éliminer l'inconnue y. Observons pour cela qu'il est toujours permis d'ajouter ou de soustraire deux équations membre à membre ; car si deux quantités sont respectivement égales à deux autres quantités, la somme ou la différence des deux premières est évidemment égale à la somme ou à la différence des deux dernières. Or, si y avait le même coefficient dans les deux équations, on ferait disparaître cette inconnue en retranchant ces deux équations membre à membre ; et si y avait dans les deux équations des coefficients égaux et de signe contraire, on atteindrait le même but en ajoutant ces deux équations membre à membre.

Dans l'exemple qui nous occupe, y n'a pas le même coefficient dans les deux équations ; mais il est facile de faire en sorte qu'il en soit ainsi : il suffit pour cela de multiplier tous les termes de la première équation par le coefficient **3** de y dans la seconde, et tous les termes de la seconde par le coefficient **2** de y dans la première, ce qui est permis (**56**).

On obtient ainsi les équations :

$$15x + 6y = 99 \qquad [3]$$

$$14x - 6y = 46 \qquad [4].$$

et, en les ajoutant membre à membre, puisque y a maintenant, dans les deux équations, des coefficients égaux et de signe contraire, il vient

$$29x = 145 \ ,$$

d'où
$$x = \frac{145}{29} \quad \text{ou} \quad x = 5 \qquad [5]$$

Nous sommes ainsi ramenés au cas du numéro précédent, et nous avons vu que les valeurs qui satisfont aux équations [1] et [5] sont

$$x = 5 \quad \text{et} \quad y = 4 \text{ .}$$

De là cette règle :

Lorsqu'on a deux équations du premier degré à deux inconnues, pour éliminer l'une de ces inconnues, il faut multiplier tous les termes de la première équation par le coefficient de cette inconnue dans la seconde, et tous les termes de la seconde par le coefficient de cette même inconnue dans la première. On soustrait alors, ou bien l'on ajoute, les deux équations membre à membre, selon que l'inconnue à éliminer se trouve avoir dans les deux équations des coefficients de même signe ou de signe contraire.

Remarque I. Cette règle, qui a beaucoup d'analogie avec la réduction des fractions au même dénominateur, est aussi susceptible des mêmes simplifications ; si les coefficients de l'inconnue à éliminer avaient des facteurs communs, il suffirait de multiplier tous les termes de chaque équation par les facteurs non communs du coefficient de l'inconnue à éliminer dans l'autre.

Remarque II. Si l'inconnue à éliminer n'avait dans l'une des équations d'autre coefficient que l'unité, il suffirait de multiplier tous les termes de cette équation par le coefficient de cette inconnue dans l'autre ; ce qui rentre au reste dans la règle générale.

69. Nous donnerons ici deux exemples de ce mode d'élimination.

I. Soient d'abord les deux équations numériques

$$7x + 9y = 140 \text{ ,}$$
$$5x + 6y = 97 \text{ .}$$

On remarque que les coefficients de y ont le facteur commun 3 , et que les facteurs non communs sont 3 et 2 ; multipliant donc tous les termes de la première équation par 2 et tous ceux de la seconde par 3 , il vient

$$14x + 18y = 280 \; ,$$
$$15x + 18y = 291 \; ;$$

retranchant, membre à membre, la première de la seconde, puisque les coefficients de y ont le même signe, on obtient

$$x = 11 \; .$$

Cette valeur, mise pour x dans la première équation, donne

$$77 + 9y = 140 \quad \text{d'où} \quad 9y = 63$$

et

$$y = 7 \; .$$

II. Soient maintenant les deux équations littérales :

$$ax - by = a^2 + b^2$$
$$bx + ay = a^2 + b^2 \; .$$

Multiplions tous les termes de la première par a , et tous ceux de la seconde par b , nous aurons

$$a^2x - aby = a^3 + ab^2$$
$$b^2x + aby = a^2b + b^3 \; .$$

Ajoutons membre à membre ; puisque les coefficients de y ont des signes contraires, il viendra

$$a^2x + b^2x = a^3 + a^2b + ab^2 + b^3$$

ou

$$(a^2 + b^2)x = a^3 + a^2b + ab^2 + b^3 \; ,$$

d'où

$$x = \frac{a^3 + a^2b + ab^2 + b^3}{a^2 + b^2} \quad \text{ou} \quad x = a + b \; .$$

Cette valeur, mise pour x dans la première équation, donne

$$a^2 + ab - by = a^2 + b^2 , \quad \text{d'où} \quad by = ab - b^2 ,$$

puis $\qquad y = \dfrac{ab - b^2}{b} \quad \text{ou} \quad y = a - b .$

REMARQUE III. Le lecteur pourra s'exercer sur les deux exemples suivants :

$$12x - 5y = 6 \quad \text{d'où} \quad x = \frac{4}{3} .$$
$$9x + 4y = 20 \qquad\qquad y = 2 .$$

$$(2a + b)x - (2a - b)y = 8ab \qquad \text{d'où} \qquad x = 2a + b$$
$$(2a - b)x + (2a + b)y = 8a^2 - 2b^2 \qquad\qquad y = 2a - b .$$

70. Nous avons exposé la première la méthode d'élimination qui offre dans la pratique le plus de commodité. On lui donne ordinairement le nom de *méthode par réduction* (au même coefficient). Mais l'élimination peut s'opérer de plusieurs autres manières.

I. Soient les deux équations traitées plus haut (**68**).

$$5x + 2y = 33 \qquad\qquad [1],$$
$$7x - 3y = 23 \qquad\qquad [2].$$

Supposons, pour un instant, que la valeur de x ait été déterminée par un procédé quelconque ; en la mettant pour x dans l'une des deux équations proposées, dans la première, par exemple, on en tirerait la valeur correspondante de y . Or, si l'on tire de la première équation la valeur de y , en y regardant x comme connu, on obtient :

$$y = \frac{33 - 5x}{2} \qquad\qquad [3].$$

Cette valeur, jointe à la valeur qu'on suppose avoir trouvée pour x, doit satisfaire à la seconde équation proposée. Si donc on met dans l'équation [2], à la place de y la valeur [3], l'égalité

$$7x - 3\left(\frac{33 - 5x}{2}\right) = 23 \qquad [4],$$

à laquelle on parvient, sera une *condition* à laquelle la valeur de x devra satisfaire. Cette condition, traitée comme une équation où l'inconnue est x, donnera donc la valeur de x. En la résolvant, on trouve $x = 5$, comme on l'a trouvé par une autre méthode; et cette valeur, mise pour x dans l'équation [3] donne de même $y = 4$.

On voit que cette méthode consiste à prendre la valeur de l'une des inconnues dans l'une des deux équations, en y regardant l'autre inconnue comme déterminée, et à *substituer* cette valeur dans la seconde équation, qui ne contient plus alors qu'une seule inconnue. En conséquence on a donné à cette méthode le nom de méthode *par substitution*.

71. II. Reprenons encore les équations [1] et [2] du numéro précédent. Nous avons vu que, si l'on y regarde x comme déterminé, et qu'on tire de la première la valeur de y, on obtient

$$y = \frac{33 - 5x}{2}.$$

Si l'on tire de même de la seconde la valeur de y, on obtient

$$y = \frac{7x - 23}{3}.$$

Or, ces deux valeurs de y doivent être égales, puisque

5

les mêmes valeurs de x et de y doivent satisfaire à la fois aux deux équations ; en les égalant, on aura donc une *condition* à laquelle la valeur de x devra satisfaire. Cette condition

$$\frac{7x - 23}{3} = \frac{33 - 5x}{2}$$

traitée comme une équation où l'inconnue est x donne encore $x = 5$; et cette valeur mise pour x dans l'une quelconque des deux valeurs de y ci-dessus, donne $y = 4$.

Cette méthode est connue sous le nom de méthode *par comparaison*.

72. III. Enfin, reprenons une dernière fois les équations [1] et [2] du n° **70**. Si l'on multiplie la première par une quantité indéterminée m , et qu'on les ajoute membre à membre, on obient

$$5mx + 7x + 2my - 3y = 33m + 23 \quad [5].$$

Les valeurs qui vérifieront les équations [1] et [2] vérifieront aussi l'équation [5] qui en est une conséquence ; et cela, quelle que soit la valeur qu'on attribue à l'indéterminée m . Or, on peut en disposer de manière à faire disparaître de l'équation [5] tous les termes en y . Pour cela, il suffit de poser $2m = 3$, d'où $m = \frac{3}{2}$. Cette valeur, mise pour m dans l'équation [5], la réduit à

$$\frac{15}{2}x + 7x = \frac{99}{2} + 23 \; ,$$

d'où l'on tire encore $x = 5$; et par suite $y = 4$.

Si les coefficients de y dans les deux équations pro-

osées avaient eu le même signe, il eût fallu soustraire les
équations au lieu de les ajouter.

Cette méthode est connue sous le nom de *méthode des
coefficients indéterminés*.

§ V. Problèmes qui conduisent à deux équations du premier degré
à deux inconnues.

73. Parmi les problèmes qui présentent plusieurs inconnues, il en est un grand nombre qu'on peut résoudre
en n'employant qu'une seule inconnue.

Prenons pour exemple ce problème : *Partager* 15 *en
deux parties telles que la première surpasse d'une unité
les* $\frac{4}{3}$ *de la seconde.*

Si l'on appelle x la première partie, la seconde sera
$15 - x$, et l'énoncé du problème fournit immédiatement
l'équation

$$x = \frac{4}{3}(15 - x) + 1 \qquad [1],$$

d'où l'on tire $x = 9$. Les deux parties sont donc 9 et 6,
et, en effet, 9 surpasse d'une unité le nombre 8 qui
est les $\frac{4}{3}$ de 6

Mais lorsqu'on traite ainsi, à l'aide d'une seule inconnue,
un problème qui en comporte plusieurs, c'est qu'on opère
mentalement une véritable élimination. Dans le problème
qui précède, par exemple, si l'on désigne par x la première partie et par y la seconde, on a les deux équations

$$x + y = 15$$

$$x = \frac{4}{3}y + 1 ,$$

et si l'on tire de la première la valeur de y pour la s[ub]-
stituer dans la seconde, c'est-à-dire si l'on élimine [y]
entre les deux équations, on retombe sur l'équation [.]
C'est cette élimination de y qu'on a opérée men[tale]-
lement quand on a traité le problème avec la seule inco[n]-
nue x.

Ces éliminations tacites, qui abrégent évidemment [le]
calcul écrit, compliquent en revanche les opérations me[n]-
tales que nécessite la mise en équation du problème; [de]
sorte que, hors des cas très-simples, comme celui qui pr[é]-
cède, ou ceux des problèmes I, IV, proposés au n° **65**, [on]
perd plus qu'on ne gagne à diminuer le nombre des inco[n]-
nues.

Nous croyons donc devoir donner comme conseil gé[é]-
néral d'introduire dans le calcul toutes les inconnues qu[e]
le problème comporte; si, parmi les équations qui l[es]
lient il y en a de très-simples, comme l'équation $x + y = 1$[.]
de tout à l'heure, on opérera par écrit les élimination[s]
très-simples qu'on eût opérées mentalement; voilà tout[e]
la différence.

Quant à la mise en équation, elle est soumise à la seu[le]
règle générale que nous avons donnée au n° **61**. Il ne nou[s]
reste donc qu'à donner quelques exemples de problème[s]
conduisant à deux équations du premier degré à deu[x]
inconnues.

74. PREMIER PROBLÈME. *Deux espèces de pièces de mon*-
naie sont telles : que 2 *pièces de la première, plus* 5
pièces de la seconde font 13 *fr. ; et que* 18 *pièces de l[a]*
seconde surpassent de 1 *fr.* 5 *c. la valeur de* 5 *pièce[s]*
de la première. Quelle est la valeur, en francs et centimes,
de chacune de ces deux espèces de pièces de monnaie?

Désignons par x la valeur d'une des pièces de la première espèce, et par y la valeur d'une des pièces de la seconde. Nous aurons, d'après l'énoncé, les deux équations :

$$2x + 5y = 13^f \; ,$$
$$18y = 5x + 1^f,05 \; .$$

On éliminera x en multipliant la première équation par 5, la seconde par 2 et ajoutant; on trouve ainsi :

$$36y + 25y = 65^f + 2^f,10 \; ,$$

ou $\qquad 61y = 67^f,10 \; , \quad$ d'où $\quad y = 1^f,10 \; .$

Cette valeur, mise pour y dans la première équation, donne

$$2x + 5^f,50 = 13^f \; , \quad \text{d'où} \quad x = 3^f,75 \; .$$

Chaque pièce de la première espèce vaut donc $3^f,75$, et chaque pièce de la seconde espèce $1^f,10$.

75. Deuxième problème. *Trouver une fraction telle que si l'on ajoute une unité à chacun de ses termes, elle devienne*

égale à $\dfrac{3}{4}$; *et que si l'on retranche au contraire une unité*

de chacun de ses termes, elle devienne égale à $\dfrac{2}{3}$.

Soient x le numérateur et y le dénominateur; l'énoncé fournit sur-le-champ les deux équations suivantes :

$$\frac{x+1}{y+1} = \frac{3}{4} \quad \text{et} \quad \frac{x-1}{y-1} = \frac{2}{3} \; ,$$

ou $\qquad 3y - 4x = 1 \quad \text{et} \quad 3x - 2y = 1 \; ,$

qui donnent $x = 5$ et $y = 7$. La fraction demandée

est donc $\dfrac{5}{7}$. Si, en effet, on ajoute une unité à chacun de ses termes, elle devient $\frac{6}{8}$ ou $\frac{3}{4}$; et si l'on retranc[he]

au contraire une unité de chacun de ses termes, elle d[e]-

vient $\frac{4}{6}$ ou $\frac{2}{3}$.

76. TROISIÈME PROBLÈME. *Un nombre est composé de deu[x] chiffres, dont la somme absolue est 14 ; et si on le r[e]-tourne, il augmente de 36 ; quel est ce nombre ?*

Soient x le chiffre des dizaines, et y celui des uni[-]tés ; on aura d'abord

$$x + y = 14 \qquad [1].$$

Maintenant, le nombre demandé a pour valeur $10x + y$; et le nombre retourné a pour valeur $10y + x$. Or, d'a-près l'énoncé, ce second nombre surpasse le premier de 36 ; on a donc

$$10y + x = 10x + y + 36 ,$$

ou $\qquad\qquad 9y - 9x = 36 ,$

ou encore $\qquad\qquad y - x = 4 \qquad [2].$

On connaît donc la somme et la différence des deux chif-fres ; en vertu du théorème démontré au n° **3**, le plus grand, y , est égal à la moitié de leur somme plus la moitié de leur différence, c'est-à-dire à $7 + 2$ ou 9 ; et le plus petit, x , est égal à la moitié de leur somme moins la moitié de leur différence, c'est-à-dire à $7 - 2$ ou à 5 ; c'est ce qu'on verrait d'ailleurs en résolvant le système des équations [1] et [2].

Le nombre demandé est donc 59 ; en effet, la somme de ses chiffres est 14 ; et lorsqu'on le retourne, on ob-tient 95 qui surpasse 59 de 36 .

77. QUATRIÈME PROBLÈME. *Une personne qui possède 60000 fr. , en a placé une partie à $4\frac{1}{2}$ pour 100 , et l'autre à $3\frac{1}{2}$ pour 100 ; ce qui lui fait un revenu de 2500 fr. On demande combien elle a placé au taux de $4\frac{1}{2}$, et combien au taux de $3\frac{1}{2}$.*

Soient x et y les deux sommes placées; on aura d'abord

$$x + y = 60000^{f} .$$

Maintenant, le capital x , au taux de $4\frac{1}{2}$ ou $\frac{9}{2}$, donne un revenu annuel de $\dfrac{x \times \frac{9}{2}}{100}$ ou $\dfrac{9x}{200}$. Le capital y , au taux de $3\frac{1}{2}$ ou $\frac{7}{2}$, donne un revenu annuel de $\dfrac{y \times \frac{7}{2}}{100}$ ou $\dfrac{7y}{200}$. La somme de ces revenus partiels doit faire le revenu total 2500 fr. ; on a donc pour seconde équation

$$\frac{9x}{200} + \frac{7y}{200} = 2500 \text{ fr.}$$

ou bien $\qquad 9x + 7y = 500000 \text{ fr.}$

Mettant pour y sa valeur $60000^{f} - x$ tirée de la première équation, et effectuant la multiplication par 7 , il vient

$$9x + 420000 - 7x = 500000^{f} ,$$

d'où $\qquad x = 40000^{f} ,$

par suite $\qquad y = 20000^{f} .$

En effet, 40000 fr. à $4\frac{1}{2}$ pour 100 , rapportent 1800 fr. ; et 20000 fr. à $3\frac{1}{2}$ pour 100 rapportent 700 fr. ; la somme de ces deux revenus fait bien 2500 fr.

78. Le lecteur pourra s'exercer sur les problèmes dont les énoncés suivent.

I. *Trouver un nombre tel qu'en le divisant par 5 on ait pour reste 2 ; qu'en le divisant par 8 on ait pour reste 5 ; et que le quotient de la première division surpasse de 3 unités le quotient de la seconde.* (Réponse : Les quotients sont 7 et 4 ; le nombre demandé est 37 .)

II. *« L'âne dit un jour au mulet : Si je prenais 50 kilogrammes de ta charge, la mienne deviendrait le double de la tienne. — Et moi, lui répondit le mulet, si je prenais 50 kilogrammes de ta charge, la mienne deviendrait triple de la tienne. » On demande la charge de chacun.* (Réponse : L'âne portait 110 kilogrammes et le mulet 130 kilogrammes .)

III. *La distance de Paris à Tours est de 225 kilomètres . Un convoi de wagons part de Paris pour Tours avec une vitesse de 25 kilomètres à l'heure ; 1 heure 48 minutes après, un convoi part de Tours pour Paris avec une vitesse de 35 kilomètres à l'heure. On demande au bout de quel temps et à quelle distance de Paris les deux convois se croiseront.* (Réponse : Au bout de 3 heures à partir du second départ, et à 120 kilomètres de Paris.)

IV. *Deux joueurs conviennent que celui qui perdra la première partie doublera l'argent de son adversaire ; que celui qui perdra la seconde triplera l'argent de son adversaire ; que celui qui perdra la troisième quadruplera l'argent de son adversaire ; et ainsi de suite. Au bout de trois parties, la perte ayant été alternative, ils se retirent chacun avec 48 francs . On demande ce qu'ils avaient en commençant le jeu.* (Réponse : Le premier perdant avait 62 fr. et son adversaire 34 francs .)

§ VI. Résolution d'un système de trois équations du premier degré à trois inconnues ; et en général d'un nombre quelconque d'équations du premier degré renfermant le même nombre d'inconnues.

79. Supposons d'abord qu'on ait à résoudre les trois équations

$$4x - 7y + 6z = 24 \qquad [1],$$
$$5x + 2y = 33 \qquad [2],$$
$$7x - 3y = 23 \qquad [3],$$

dont la première seule renferme les trois inconnues x, y, z, les deux dernières ne renfermant que les deux inconnues x et y.

Les deux dernières équations pourront être remplacées par les valeurs

$$x = 5,$$
$$y = 4,$$

qu'on en tire (**68**) ; et ces deux valeurs, mises pour x et y dans l'équation [1], la réduisent à

$$20 - 14 + 6z = 24 \qquad [4]$$

ou

$$6z = 38 - 20 = 18,$$

d'où l'on tire

$$z = 3.$$

Et ces valeurs des inconnues sont les seules qui puissent satisfaire au système des trois équations proposées ; car les deux dernières n'admettent pas d'autres solutions que $x = 5$ et $y = 4$; et si x et y ont respectivement ces valeurs, l'équation [1] se change en l'équation [4] qui n'admet pas d'autre solution que $z = 3$.

Pour résoudre un système quelconque de trois équations du premier degré à trois inconnues, il faut donc tâcher d'en déduire un système équivalent, dans lequel deux des trois équations ne renferment que deux des inconnues.

80. Soient les trois équations :

$$2x - 3y + 5z = 27 \qquad [1],$$
$$3x + 6y - 4z = 2 \qquad [2],$$
$$5x + 4y + 2z = 40 \qquad [3].$$

Éliminons z entre les équations [1] et [2] ; pour cela multiplions l'équation [1] par 4, l'équation [2] par 5, et ajoutons membre à membre ; nous trouverons :

$$23x + 18y = 118 \qquad [4].$$

Éliminons de même z entre les équations [1] et [3] ; pour cela multiplions l'équation [1] par 2, l'équation [3] par 5, et retranchons la première de la dernière ; nous obtiendrons :

$$21x + 26y = 146 \qquad [5].$$

Les équations [4] et [5] ne renfermant plus que x et y, on sait en tirer les valeurs de ces inconnues. Si, par exemple, on multiplie l'équation [4] par 13, l'équation [5] par 9, et qu'on retranche la seconde de la première, y disparaîtra, et il restera

$$110x = 220 \quad \text{d'où} \quad x = 2 .$$

Cette valeur, mise pour x dans l'équation [4], donne

$$46 + 18y = 118 \quad \text{ou} \quad 18y = 72 ,$$

d'où
$$y = 4 .$$

Si maintenant dans l'une des trois équations proposées, dans l'équation [1], par exemple, on remplace x par 2 et y par 4, cette équation devient

$$4 - 12 + 5z = 27 \quad \text{ou} \quad 5z = 35 .$$

d'où
$$z = 7 .$$

On voit, par cet exemple, que *pour résoudre un système de trois équations à trois inconnues* x , y , z , *il faut éliminer l'une des trois inconnues,* z *par exemple, deux fois, savoir : entre la première équation et la seconde, par exemple, puis entre la première et la troisième; on obtient ainsi deux équations entre les deux inconnues* x *et* y ; *on en tire les valeurs de ces inconnues; on substitue ces valeurs dans l'une des trois équations proposées, et l'on en tire la valeur de la troisième inconnue* z .

Remarque. C'est pour plus de symétrie dans le choix des lettres que nous avons d'abord éliminé z ; il eût été plus simple et plus commode d'éliminer d'abord y ; savoir, entre les équations [1] et [2], puis entre les équations [2] et [3], à cause des facteurs communs que présentent les coefficients de cette inconnue. On aurait eu ainsi à résoudre les deux équations plus simples :

$$7x + 6z = 56 ,$$
$$9x + 14z = 116 ;$$

qui donnent $x = 2$ et $z = 7$. Ces valeurs mises dans l'équation [1], donnent ensuite $y = 4$.

81. Comme exemple d'équations littérales, nous traiterons les suivantes :

$$ax - by + cz = a^2 + c^2 \qquad [1]$$
$$bx + cy - az = b^2 + c^2 \qquad [2]$$
$$- cx + ay + bz = a^2 + b^2 \qquad [3].$$

Éliminons z entre les équations [1] et [2], nous trouvons

$$(a^2 + bc)x + (c^2 - ab)y = a^3 + ac^2 + b^2c + c^3 \qquad [4].$$

Éliminons z entre les équations [2] et [3], il viendra

$$(b^2 - ac)x + (a^2 + bc)y = a^3 + ab^2 + bc^2 + b^3 \qquad [5].$$

L'élimination de y entre ces deux dernières, donne

$$(a^4 + a^2bc + ab^3 + ac^3)\,x = a^5 + a^4b + a^3bc + a^2b^3 + a^2b^2c + a^2c^3$$
$$+\, ab^4 + abc^3 \ ,$$

ou $\ (a^3 + abc + b^3 + c^3)\,x = a^4 + a^3b + a^2bc + ab^3 + ab^2c$
$$+\, ac^3 + ab^3 + bc^3 \ ,$$

d'où, en divisant les deux membres par $\ a^3 + abc + b^3 + c^3$,

$$x = a + b \ .$$

Cette valeur mise pour x dans l'équation [5] donne

$$(a^2 + bc)\,y = a^3 + a^2c + abc + bc^2$$

d'où, en divisant les deux membres par $\ a^2 + bc$,

$$y = a + c \ .$$

Mettant pour x et y leurs valeurs dans l'équation [1], elle devient

$$a^2 - bc + cz = a^2 + c^2 \quad \text{ou} \quad cz = bc + c^2 \ ;$$

d'où $\qquad\qquad\qquad\qquad z = b + c \ .$

82. Il est facile maintenant de généraliser la marche que nous avons suivie. Supposons qu'on ait 5 équations du premier degré entre les 5 inconnues x , y , z , u , t . On éliminera t quatre fois; par exemple entre la première équation et chacune des quatre autres; on obtiendra ainsi 4 équations entre les inconnues x , y , z , u . On éliminera u trois fois : par exemple entre la première de ces quatre équations, et chacune des trois autres; on obtiendra ainsi 3 équations entre les 3 inconnues x , y , z . On éliminera z deux fois : par exemple entre la première de ces trois équations et chacune des deux autres; on obtiendra ainsi 2 équations entre les 2 inconnues x et y . On éliminera y entre ces deux équations, et l'on obtiendra une équation qui ne contiendra plus qu'une seule inconnue x . On en tirera la valeur de cette inconnue. On portera cette valeur à la place de x dans l'une des deux équations entre x et y ; et l'on en tirera la valeur de y . On portera les valeurs de x et de y dans l'une des trois équations entre x , y et z ; et l'on en tirera la valeur de z . On portera les valeurs de x , y et z dans l'une des quatre équations entre x , y , z et u ; et l'on en tirera la valeur de u . On portera enfin les valeurs de x , y , z et u dans l'une des cinq équations proposées entre x , y , z , u et t ; et l'on en tirera la valeur de t .

On suivrait une marche analogue pour un nombre quelconque d'équations du premier degré renfermant le même nombre d'inconnues.

83. Le lecteur pourra s'exercer sur les exemples suivants :

$$\text{I.} \qquad \begin{aligned} 2x-6y+3z&=5 \ , \\ x+2y-12z&=4 \ , \\ 8y+6z-3x&=0 \ , \end{aligned} \qquad \text{d'où} \quad \begin{aligned} x&=10 \ , \\ y&=3 \ , \\ z&=1 \ . \end{aligned}$$

$$\text{II.} \qquad \begin{aligned} ax+by-cz&=b^2 \ , \\ bx-cy+az&=a^2 \ , \\ cx+ay-bz&=c^2 \ , \end{aligned} \qquad \text{d'où} \quad \begin{aligned} x&=c \ , \\ y&=b \ , \\ z&=a \ . \end{aligned}$$

$$\text{III.} \quad \begin{aligned} 6x+3y-3z+u&=5 \ , \\ 3x+5y+2z-2u&=4 \ , \\ 5x-2y-2z+2u&=2 \ , \\ 2x+5y+3z-3u&=1 \ , \end{aligned} \qquad \text{d'où} \quad \begin{aligned} x&=0 \ , \\ y&=2 \ , \\ z&=2 \ , \\ u&=5 \ . \end{aligned}$$

§ **VII. Problèmes qui conduisent à un nombre quelconque d'équations du premier degré, renfermant le même nombre d'inconnues.**

84. La mise en équations de ces problèmes est soumise à la règle générale donnée au n° **61**. Nous rappellerons ici le conseil que nous avons donné au n° **73** d'introduire dans le calcul toutes les inconnues que le problème comporte. Sans doute, quand le nombre des inconnues est grand, il semblerait qu'on doit chercher à le restreindre ; mais l'avantage qu'il en pourrait résulter pour le calcul serait presque toujours compensé, et au delà, par l'embarras que la suppression de quelques inconnues introduirait dans la mise en équations.

Cela dit, il ne nous reste qu'à donner quelques exemples.

PREMIER PROBLÈME. *On a trois lingots qui contiennent :*

Le premier,	20 *gr. d'or,*	30 *d'argent,*	40 *de cuivre* .
Le second,	30	40	50
Le troisième,	40	50	90

Combien faut-il prendre de chacun d'eux pour former un quatrième lingot qui contienne :

$$75 \text{ gr. d'or,} \quad 100 \text{ d'argent, et } 149 \text{ de cuivre?}$$

Soient x , y , z les nombres de grammes de chacun des trois premiers lingots, qu'il faut prendre pour former le quatrième On remarquera que, dans le premier lingot, il y a 20^{gr} d'or, sur $20 + 30 + 40$ ou 90 ; c'est-à-dire que l'or y entre pour $\frac{2}{9}$. Dans le second lingot, il entre pour $\frac{3}{12}$, et dans le troisième, pour $\frac{4}{18}$. Ce métal entrera, en mêmes proportions, dans les parties x , y , z qu'on prendra des trois lingots, et, comme la somme des quantités d'or contenues dans ces parties doit faire 75^{gr} , on devra avoir l'équation :

$$\tfrac{2}{9}x + \tfrac{3}{12}y + \tfrac{4}{18}z = 75^{gr} .$$

L'argent, dans le premier lingot, entre pour $\tfrac{3}{9}$, dans le second, pour $\tfrac{4}{12}$, dans le troisième, pour $\tfrac{5}{18}$; on verrait donc, par un raisonnement analogue au précédent, qu'on doit avoir :

$$\tfrac{3}{9}x + \tfrac{4}{12}y + \tfrac{5}{18}z = 100^{gr} ,$$

Et, en opérant de même pour les quantités de cuivre, on trouverait de même l'équation :

$$\tfrac{4}{9}x + \tfrac{5}{12}y + \tfrac{9}{18}z = 149^{gr} .$$

Telles sont les équations du problème. En faisant disparaître les dénominateurs et simplifiant, elles deviennent :

$$8x + 9y + 8z = 2700 \qquad [1],$$
$$12x + 12y + 10z = 3600 \qquad [2],$$
$$16x + 15y + 18z = 5364 \qquad [3].$$

Éliminant d'abord x entre [1] et [2], puis entre [1] et [3], on obtient :

$$3y + 4z = 900 \qquad [4],$$
$$3y - 2z = 36 \qquad [5].$$

Éliminant ensuite y entre ces deux dernières, on trouve

$$6z = 864 , \quad \text{d'où} \quad z = 144^{gr} .$$

Cette valeur, mise dans [5], donne

$$3y - 288 = 36 , \quad \text{d'où} \quad y = 108^{gr} .$$

Et ces valeurs, mises dans [1], donnent

$$8x + 972 + 1152 = 2700 , \quad \text{d'où} \quad x = 72^{gr} .$$

85. DEUXIÈME PROBLÈME. *Un nombre est tel : que, si on*

le divise par 7 , on a pour reste 4 , que, si on le divise par 9 , on a pour reste 6 , que, si on le divise par 13 , on a pour reste 8 ; et de plus, la somme des trois quotients surpasse de 3 unités le quart du nombre lui-même. On demande quel est ce nombre ?

Soit x le nombre cherché, et soient y , z et u les quotients respectifs qu'on obtient en le divisant par 7 , 9 ou 13 . On aura, en vertu de la division même :

$$x = 7y + 4 ,$$
$$x = 9z + 6 ,$$
$$x = 13u + 8 ,$$

et, en vertu de la dernière partie de l'énoncé,

$$y + z + u = \frac{1}{4} x + 3 .$$

Si l'on tire des trois premières équations les valeurs de y , z , u , en y regardant x comme connu, on obtient :

$$y = \frac{x-4}{7} , \quad z = \frac{x-6}{9} , \quad u = \frac{x-8}{13} ;$$

et, si l'on met pour y , z , u ces valeurs dans la quatrième équation, on obtient

$$\frac{x-4}{7} + \frac{x-6}{9} + \frac{x-8}{13} = \frac{1}{4} x + 3 ,$$

équation qui ne contient plus que l'inconnue x . On en tire, en faisant disparaître les dénominateurs :

$$468\,x - 1872 + 364\,x - 2184 + 252\,x - 2016 = 819\,x + 9828$$

ou $\qquad 265\,x = 15900 \quad$ d'où $\quad x = 60 .$

Tel est le nombre demandé. Les quotients qu'on obtient en le divisant par 7 , 9 ou 13 , sont 8 , 6 et 4 , dont la somme 18 surpasse de 3 unités le nombre 15 qui est le quart de 60 .

REMARQUE. Ce problème offre un exemple d'une question qui comporte réellement quatre inconnues, bien que l'énoncé semble n'en admettre qu'une.

86. Le lecteur pourra s'exercer sur les problèmes dont les énoncés suivent :

I. *Un homme chargé de transporter des vases de trois grandeurs, est convenu de payer pour chaque vase cassé par lui autant qu'il aurait reçu s'il l'eût rendu en bon état. On lui donne 3 grands vases, 5 moyens et 9 petits . On apprend qu'en route il a cassé tous les vases de l'une des trois grandeurs, mais l'on ne sait laquelle. Si ce sont les grands ou les petits le porteur touchera 10 fr; mais si ce sont les moyens, il ne touchera que 8 fr. On demande ce qu'il doit toucher pour un vase de chaque espèce rendu en bon état.*

(Réponse : 3 fr. pour un grand vase, 2 fr. pour un moyen , 1 fr. pour chaque petit.)

II. *On demande quel est le nombre de quatre chiffres qui jouit des propriétés suivantes : 1° que la somme des deux premiers chiffres, soit à sa droite, soit à sa gauche , est égale à 7 ; 2° que le chiffre de ses unités est le triple de celui des centaines ; 3° enfin que si l'on écrit ses quatre chiffres dans un ordre contraire, le nombre augmente de 909 .* (Réponse : 5216.)

III. *Une personne a divisé son capital en trois parties qu'elle a placées, la première à 5 pour 100 , la seconde à 4 pour 100 , la troisième à 3 pour 100 . Elle se fait ainsi un revenu annuel de 4000 fr. , comme si tout son capital*

eût été placé à   4 pour 100 . *On sait de plus que la partie
placée à   5 pour 100   rapporte annuellement   600 fr.   de
plus que celle qui est placée à   3 pour 100 . On demande
quel est le capital entier, et quelles sont les trois parties.*

(Réponse : le capital entier est de   100000 fr. ; les trois
parties sont   30000 fr. , 40000 fr.   et   30000 fr.)

CHAPITRE IV.

DES QUANTITÉS NÉGATIVES, ET DE LA DISCUSSION DES PROBLÈMES DU PREMIER DEGRÉ,

§ I. Des quantités négatives.

87. Jusqu'ici, lorsque nous avons eu à considérer des expressions algébriques polynomes, nous avons toujours supposé que l'ensemble des termes positifs l'emportait en valeur absolue sur l'ensemble des termes négatifs ; et quant aux monomes isolés, nous les avons toujours supposés positifs. Nous avons à examiner maintenant, dans l'hypothèse contraire, le sens qu'il convient d'attacher aux expressions algébriques, et ce que deviennent les règles du calcul littéral, qui n'ont été établies, on se le rappelle, que dans la supposition où les quantités sur lesquelles on opère ont une valeur positive.

Considérons un polynome, dans lequel la partie négative soit supposée l'emporter en valeur absolue sur la positive ; et pour plus de simplicité, choisissons le binome $a - b$. Si l'on attribue à b une valeur plus grande qu'à a , ce binome n'offre plus en apparence d'autre sens à l'esprit que celui d'une opération impossible.

On peut, à la vérité, donner une forme plus simple à l'expression $a - b$; car, si l'on désigne par d l'excès de la valeur absolue b sur la valeur absolue a , en sorte que b soit égal à $a + d$, on aura à retrancher de a la somme $a + d$; et si l'on en retranche d'abord a , ce qui donne *zéro* pour reste, on n'aura plus à indiquer que la soustraction de d, ce qui conduira à l'expression plus simple $-d$. On peut même remarquer que cette simplification revient à soustraire a de b et à affecter le reste d du signe $-$; c'est ainsi, par exemple, que $7-12$ reviendrait à $7-7-5$, et se réduirait par conséquent à -5.

Mais ces expressions négatives isolées, $-d$, -5, n'en sont pas moins des symboles d'impossibilité, si l'on s'en tient aux notions et aux conventions de l'arithmétique. Or, on va voir que, dans un autre ordre d'idées, ces expressions deviennent susceptibles d'une interprétation parfaitement rationnelle ; et que, bien loin d'être les symboles d'une opération impossible, elles sont quelquefois la seule réponse raisonnable que puisse comporter une question.

Concevons, par exemple, qu'un thermomètre marquant 10^0 au-dessus de *zéro,* la température vienne à baisser de 6^0 ; pour avoir la température nouvelle, il faudra retrancher 6^0 de 10^0, ce qui donnera 10^0-6^0 ou 4^0. Point de difficulté jusqu'ici.

Mais, le thermomètre marquant toujours 10^0 au-dessus de *zéro,* supposons que la température vienne à baisser de 14^0 ; si l'on veut, comme tout à l'heure, retrancher de la température primitive le nombre de degrés dont elle s'est abaissée, on est conduit à l'expression 10^0-14^0 ou -4^0, d'après la simplification indiquée ci-dessus. D'un autre côté, si, partant du 10ième degré au-dessus de zéro, on compte 14 degrés en descendant l'échelle thermométrique, on arrive à zéro quand on en a compté 10, et les 4 restant se trouvent comptés *au-dessous de zéro.* Remarquons cette correspondance entre le symbole -4^0 et le résultat réel 4^0 *au-dessous de zéro.*

Prenons un second exemple. Un lieu est situé sous le

40ième degré de latitude nord, un second lieu est situé à 30 degrés au sud du premier, sur le même méridien pour plus de clarté. Si l'on veut connaître à quelle latitude répond ce second lieu, on retranchera les 30⁰ de la latitude 40⁰, ce qui donnera 40⁰ — 30⁰ ou 10⁰ *de latitude nord.* Point de difficulté.

Mais si le second lieu était à 50⁰ au sud du premier, et que, pour obtenir sa latitude, on retranchât encore les 50⁰ de la latitude 40⁰, on arriverait à l'expression 40⁰—50⁰ ou —10⁰. D'un autre côté, si, en partant du 40ième degré de latitude nord on descend vers le sud en comptant 50 degrés, quand on en aura compté 40, on sera sur l'équateur, et les 10 qui restent seront comptés vers le sud ; la latitude demandée sera donc 10⁰ *de latitude sud.* Remarquons encore cette correspondance entre le symbole —10⁰ et le résultat réel 10⁰ *de latitude sud.*

Pour dernier exemple, imaginons qu'un événement ait eu lieu 600 ans après J. C., et qu'un autre événement ait eu lieu 400 ans auparavant. Pour avoir la date de celui-ci, il faudra retrancher 400 ans de 600 ans, ce qui donnera 600 — 400 ou 200 ans après J. C. Mais si l'on suppose que le deuxième événement considéré ait eu lieu 800 ans avant celui dont on a parlé d'abord, et que pour avoir sa date on retranche encore les 800 ans des 600 ans, on arrive à l'expression 600—800 ou —200 ans. D'un autre côté, il est facile de voir que l'événement en question a eu lieu 200 ans *avant J. C.* Remarquons encore cette correspondance entre le symbole —200 ans, et le résultat réel 200 ans *avant J. C.*

Dans les exemples que nous venons de prendre, et il serait facile de les multiplier, on trouve cette circonstance commune que la quantité cherchée est, par sa nature, susceptible d'être comptée dans deux sens opposés. Et l'on remarque que, l'un de ces deux sens étant celui qui est le plus ordinaire, et dans lequel on compte habituellement les quantités regardées comme positives, il arrive que si la quantité cherchée doit être comptée en sens contraire, le calcul de cette quantité, effectué d'après les mêmes règles que si elle devait être positive, conduit à un résultat négatif.

Il n'y a qu'un pas de cette remarque à la convention de compter dans l'un des deux sens opposés les quantités positives, et dans le sens contraire les quantités négatives. De cette manière, toutes les fois qu'une quantité sera ainsi susceptible d'être comptée dans deux sens contraires, il sera aussi rationnel de lui attribuer des valeurs négatives que des positives ; et les monomes négatifs isolés ne seront des symboles d'impossibilité absolue que lorsqu'ils représenteront une quantité qui, par sa nature, ne peut être comptée que dans un sens. Si, par exemple, il s'agit de la longitude d'un lieu, comme elle peut être comptée vers l'est ou vers l'ouest, on pourra admettre pour cette quantité des valeurs indistinctement positives ou négatives. S'il s'agit au contraire du nombre des côtés d'un polygone, comme il ne peut être compté que dans un sens, il n'admettra pas de valeurs négatives ; et une valeur négative, dans ce cas, serait un symbole d'impossibilité absolue.

88. Cette convention peut être justifiée par une autre considération qui nous servira en même temps à montrer sous son véritable jour le calcul des quantités négatives, et l'Algèbre en général.

Reprenons l'exemple du thermomètre. Supposons qu'il marque 6° *au-dessus de zéro,* et que la température vienne à s'élever de 10 degrés ; pour savoir le nombre de degrés que l'instrument marquera, il faudra *ajouter* aux 10 degrés d'élévation, les 6 degrés que le thermomètre marquait d'abord, ce qui donnera $10 + 6$ ou 16^0 *au–dessus de zéro.*

En général, si t désigne dans ce cas la température primitive, a l'accroissement, et T la température finale, on aura la relation

$$T = a + t \qquad [1].$$

Supposons maintenant que la température primitive soit de 6^0 *au-dessous de zéro,* et qu'elle s'élève encore de 10^0 ; la température finale s'obtiendra en remarquant que, si elle s'élève d'abord de 6 degrés, le thermomètre marquera zéro; et que les 4 degrés d'élévation restants seront comptés *au-dessus de zéro.* C'est-à-dire que pour avoir la température finale, il faudra des 10 degrés d'élévation *retrancher* les 6 degrés au-dessous de zéro que marquait primitivement le thermomètre ; ce qui donne en effet $10^0 — 6^0$ ou 4^0 *au-dessus de zéro.*

En général, si t désigne alors la température primitive, ou le nombre de degrés au-dessous de zéro que marquait primitivement le thermomètre, si a désigne toujours l'accroissement de température et T la température finale, on aura la relation

$$T = a - t \qquad [2].$$

On voit que les relations [1] et [2] ne diffèrent l'une de l'autre que par le signe qui précède la température initiale t . Cette remarque suffirait pour justifier la convention qui consiste à regarder comme *positives* les températures comptées *au-dessus* de zéro, et comme *négatives* celles qui sont comptées *au-dessous.*

Mais il y a plus, c'est que cette convention permet de

réunir les deux formules [1] et [2] en une seule, qui comprendra tous les cas, et donnera ainsi la réponse la plus générale à la question proposée. Il suffit pour cela d'étendre la signification des mots *quantité* et *addition*. Nous appellerons *quantités algébriques* celles qui, comme la température, la latitude, le temps, etc., sont susceptibles d'être comptées indifféremment dans deux sens opposés; ces quantités étant positives si on les compte dans l'un de ces deux sens, et négatives si on les compte dans l'autre. Nous appellerons *addition algébrique* une opération ayant pour but de réunir deux ou plusieurs quantités algébriques *en conservant à chacune son signe*; de telle sorte que la *somme algébrique* de $+10$ et de -6 sera $10-6$, comme celle de $+10$ et de $+6$ est $10+6$. Nous pourrons alors ne conserver que la formule [1], et l'énoncer en disant : que si un thermomètre marque t degrés et que la température s'élève de a degrés, la température finale T sera la *somme algébrique* de a et de t. Cette formule répondra alors à tous les cas. Si, par exemple, la température initiale est de 10^0 au-dessous de zéro, et qu'elle s'élève de 7 degrés, pour avoir la température finale, on remplacera a par $+7$ et t par -10, et faisant la *somme algébrique*, on aura

$$T = +7-10 \quad \text{ou} \quad T = -3,$$

ce qui voudra dire que la température finale est de 3^0 *au-dessous* de zéro. C'est ce qu'il est facile de vérifier.

89. Prenons un dernier exemple. Supposons que deux villes soient situées sur le même méridien : l'une à 48^0 de latitude nord, l'autre à 35^0 de latitude nord ; pour avoir leur distance en latitude, on n'aura qu'à *retrancher* 35 de 48, ce qui donnera 48^0-35^0 ou 13^0 de latitude nord.

En général, si L et *l* désignent les deux latitudes nord, et *d* la distance des deux villes, on aura la relation

$$d = L - l \qquad [1].$$

Supposons maintenant que la première ville étant toujours à 48° de latitude nord, la seconde soit à 35° de latitude sud ; il est clair que pour obtenir leur distance en latitude, il faudra *faire la somme* des nombres 48 et 35 , ce qui donnera 48° + 35° ou 83° .

En général, si L désigne le nombre de degrés de latitude nord, *l* le nombre de degrés de latitude sud, et *d* la distance des deux villes, on aura la relation

$$d = L + l \qquad [2].$$

Les relations [1] et [2] ne diffèrent que par le signe qui précède la latitude *l* . Il est donc naturel de regarder la latitude comme une *quantité algébrique,* qui sera positive ou négative, suivant qu'elle sera comptée vers le nord ou vers le sud. On pourra ensuite renfermer tous les cas de la question qui nous occupe dans la formule [1], en étendant le sens du mot *soustraction*. On appellera *soustraction algébrique* une opération par laquelle on écrit une quantité algébrique à la suite d'une autre *en changeant son signe* ; en sorte que la différence entre + 48 et + 35 sera 48 — 35 ; mais que la différence entre + 48 et — 35 sera 48 + 35 . On énoncera alors la formule [1] d'une manière générale en disant : que pour obtenir la distance en latitude de deux lieux donnés, il faut faire la *différence algébrique* entre leurs latitudes.

En résumé, on voit qu'il existe des quantités susceptibles d'être comptées indifféremment dans deux sens opposés; et que, suivant qu'elles sont comptées dans l'un ou l'autre de ces deux sens, elles figurent avec un certain signe ou avec le signe contraire dans la solution d'une même question. Les quantités de cette espèce ont reçu le nom de *quantités algébriques*; on leur attribue le signe $+$ lorsqu'elles sont comptées dans l'un des deux sens dont on vient de parler, et le signe $-$ lorsqu'elles sont comptées dans le sens contraire. L'avantage qu'on retire de cette convention est non-seulement de trouver une interprétation pour les quantités négatives isolées que le calcul fournit quelquefois, mais encore de pouvoir généraliser les formules auxquelles conduit la solution d'un problème particulier.

Cette tendance de l'Algèbre à généraliser les opérations et les résultats est un de ses caractères distinctifs. Nous aurons occasion d'y revenir. Il nous suffit pour le moment d'avoir essayé de faire comprendre l'origine des quantités négatives et des règles suivant lesquelles on les introduit dans le calcul. Nous allons maintenant exposer ces règles en détail.

91. *On appelle* QUANTITÉ ALGÉBRIQUE *une quantité qui se compose de deux éléments :* 1° *d'une valeur numérique* qui peut être entière ou fractionnaire; 2° *d'un signe* qui peut être $+$ ou $-$.

Ainsi $+4$, -4 , $+\dfrac{5}{3}$, $-\dfrac{5}{3}$, $+a$, $-a$, $+4a^2b$, $-4a^2b$, etc., sont des quantités algébriques. Si elles contiennent des lettres, il faut toujours imaginer que ces lettres tiennent lieu de certaines valeurs numériques entières ou fractionnaires.

Quant à l'ordre de grandeur des quantités négatives entre elles, ou comparées aux quantités positives, il faut remarquer que si d'un nombre quelconque, 5 par exemple, on retranche successivement une unité, on obtient des nombres de plus en plus petits 4 , 3 , 2 , 1 , 0 . Arrivé à ce point, si l'on continue à retrancher toujours successivement une unité, on obtient les quantités négatives —1 , —2 , —3 , —4 , etc., dont la valeur absolue est croissante. Mais, comme c'est à l'aide d'une même opération, la soustraction d'une unité, qu'on a obtenu toute cette série de nombres, les uns positifs décroissants, les autres négatifs croissants en valeur absolue, l'analogie a conduit à regarder les quantités négatives comme moindres, algébriquement parlant, que les quantités positives, et comme d'autant moindres que leur valeur absolue est plus grande. Ainsi —1 est regardé comme moindre que 0 ; —2 est moindre que —1 ; et ainsi de suite.

Conformément à cette convention, lorsqu'on veut exprimer qu'une quantité a est positive, on écrit $a > 0$; et si l'on veut exprimer qu'elle est négative, on écrit $a < 0$.

92. *L'*ADDITION ALGÉBRIQUE *est une opération par laquelle on réunit plusieurs quantités algébriques en conservant à chacune son signe.*

Ainsi, la somme algébrique de $+a$ et de $+b$ est $a+b$; la somme algébrique de $+a$ et de $-b$ est $a-b$; la somme algébrique de $-a$ et de $+b$ est $-a+b$; la somme algébrique de $-a$ et de $-b$ est $-a-b$.

Un polynome peut être considéré comme la somme algébrique de ses termes.

Pour additionner deux polynomes, il suffit d'écrire le second à la suite du premier en conservant à chaque terme son signe. Cette règle a déjà été donnée au n° **27** ; mais nous avions supposé alors que, dans chaque polynome, l'ensemble des termes positifs l'emportait sur l'ensemble des termes négatifs. Cette restriction devient inutile.

93. *La* SOUSTRACTION ALGÉBRIQUE *est une opération par laquelle on écrit la quantité à soustraire à la suite de la quantité dont on la soustrait, en changeant le signe de la quantité à soustraire.*

Ainsi, la différence algébrique entre $+a$ et $+b$ est $a-b$; la différence algébrique entre $+a$ et $-b$ est $a+b$; la différence algébrique entre $-a$ et $+b$ est $-a-b$; la différence algébrique entre $-a$ et $-b$ est $-a+b$.

Pour soustraire un polynome d'un autre, il faut l'écrire à la suite de cet autre en changeant le signe de chacun de ses termes. Cette règle a été donnée au n° **30**, en supposant que dans chaque polynome l'ensemble des termes positifs l'emportait sur l'ensemble des termes négatifs ; cette restriction n'est plus nécessaire.

94. *La* MULTIPLICATION ALGÉBRIQUE *est une opération par laquelle on cherche une quantité algébrique, appelée* produit, *qui soit composée avec une quantité algébrique, appelée* multiplicande, *comme une autre quantité algébrique, appelée* multiplicateur, *est composée avec l'unité positive.*

Cette définition n'est, comme on le voit, qu'une extension de la définition donnée en arithmétique ; on y a introduit l'élément qui distingue les quantités algébriques des quantités purement numériques, c'est-à-dire le signe.

Soit $+A$ à multiplier par $+B$. La valeur absolue du produit sera composée avec la valeur absolue A du multiplicande, comme la valeur absolue B du multiplicateur est composée avec l'unité ; c'est-à-dire que, d'après les notations admises , cette valeur absolue du produit sera AB . Quant au signe du produit, comme le multiplicateur $+B$ a le même signe que l'unité positive, ce produit aura le même signe que le multiplicande , c'est-à-dire $+$.

Ainsi, le produit de $+A$ par $+B$ est $+AB$.

Soit $+A$ à multiplier par $-B$. La valeur absolue du produit sera, comme ci-dessus, AB . Mais le multiplicateur $-B$ ayant un signe contraire à celui de l'unité positive, le produit aura un signe contraire à celui du multiplicande, c'est-à-dire $-$.

Ainsi, le produit de $+A$ par $-B$ est $-AB$.

Soit $-A$ à multiplier par $+B$. La valeur absolue du produit sera encore AB . Mais le multiplicateur $+B$ ayant le même signe que l'unité positive , le produit aura le même signe que le multiplicande, c'est-à-dire $-$.

Ainsi, le produit de $-A$ par $+B$ est $-AB$.

Soit enfin $-A$ à multiplier par $-B$. La valeur absolue du produit sera AB . Mais le multiplicateur $-B$ ayant un signe contraire à celui de l'unité positive, le produit aura un signe contraire à celui du multiplicade $-A$, c'est-à-dire $+$.

Ainsi, le produit de $-A$ par $-B$ est $+AB$.

La *règle des signes* établie au n° **34** par la considération de deux polynomes dans chacun desquels la partie positive était supposée l'emporter sur la partie négative, se trouve donc étendue à des monomes isolés, en partant de la distinction établie entre les quantités algébriques et les quantités purement numériques, et de la définition plus générale adoptée pour la multiplication.

Quant à la multiplication des polynomes, les règles établies au n° **34**, dans la supposition où la partie positive de chaque polynome l'emporte sur la partie négative, subsisteront encore dans l'hypothèse contraire.

Soit, en effet, à multiplier $a-b$ par $c-d$, et supposons d plus grand que c en valeur absolue; le binome $c-d$ revient à $-(d-c)$; expression dans laquelle, d'après notre supposition, $d-c$ sera positif. Nous aurons donc à multiplier $+(a-b)$ par $-(d-c)$. Pour obtenir ce produit, il faudra d'abord multiplier entre elles les valeurs absolues $(a-b)$ et $(d-c)$ des deux facteurs, et changer ensuite le signe du résultat, puisque ces deux facteurs sont de signe contraire, car les règles démontrées ci-dessus ne supposent pas que A et B représentent des monomes plutôt que des polynomes. En multipliant d'abord les valeurs absolues $(a-b)$ et $(d-c)$ on obtient, d'après les règles du n° **34**, qui sont applicables ici, puisque $a-b$ et $d-c$ sont positifs l'un et l'autre :

$$ad - bd - ac + bc\ .$$

Et en changeant le signe du résustat, ce qui se fait en changeant le signe de chaque terme, on obtient :

$$-ad + bd + ac - bc$$

ou
$$ac - bc - ad + bd\ ,$$

comme on l'a obtenu au n° **34**.

Les règles de la multiplication subsistent donc sans la restriction faite alors.

95. *La* DIVISION ALGÉBRIQUE *est une opération par laquelle, étant donnés le produit de deux facteurs algébriques et l'un de ces facteurs, on cherche l'autre facteur.*

On a vu, aux n°s **39** à **43**, comment les règles de la division se déduisent de celles de la multiplication. Ces dernières étant maintenant établies sans restriction pour les monomes positifs ou négatifs, et pour les polynomes dans lesquels la partie positive est plus grande ou plus petite en valeur absolue que la partie négative, il en est de même des règles de la division.

96. Les règles données aux n^{os} **46** à **54** pour le calcul des fractions algébriques, n'étant fondées que sur celles des quatre opérations fondamentales, elles acquièrent la même généralité que celles-ci.

97. Deux quantités algébriques sont égales lorsqu'elles ont même valeur absolue et même signe. Si on les multiplie chacune par une même troisième, les produits seront égaux; car il est évident qu'ils auront aussi même valeur absolue et même signe.

Il suit de là qu'on peut, sans troubler une égalité, multiplier ses deux membres par une même quantité algébrique; ce qui généralise la transformation indiquée au n° **57**.

On démontrerait de même qu'on peut, sans troubler une égalité, diviser ses deux membres par une même quantité algébrique; ce qui généralise la transformation du n° **58**.

Remarque. On peut dans une égalité changer les signes de tous les termes, car cette transformation revient à multiplier ou à diviser à la fois les deux membres par -1.

§ II. Discussion des problèmes du premier degré à une seule inconnue.

98. Lorsqu'on a résolu un problème d'une manière générale, c'est-à-dire en représentant les données par des lettres, comme nous l'avons fait, par exemple, au n° **63**, il est utile de rechercher les principales circonstances que peut présenter la solution, suivant les valeurs particulières qu'on peut attribuer à ces données. L'examen méthodique de ces circonstances est ce qu'on nomme la *discussion* du problème.

Nous nous occuperons dans ce paragraphe de la discussion des problèmes qui conduisent à une seule équation, à une seule inconnue.

Une pareille équation, lorsqu'on y a fait disparaître les dénominateurs, qu'on a rassemblé dans un membre tous les termes affectés de l'inconnue, et dans l'autre tous les termes indépendants de cette inconnue, qu'enfin on a mis l'inconnue en facteur commun parmi les termes où elle se trouve, peut toujours être ramenée à la forme

$$\mathrm{A}x = \mathrm{B} \qquad [1],$$

dans laquelle **A** et **B** peuvent être des quantités quelconques, monomes ou polynomes, algébriques ou numériques.

On tire de cette équation $\quad x = \dfrac{\mathrm{B}}{\mathrm{A}}$,

c'est cette valeur qu'il s'agit de discuter.

99. Lorsqu'on attribue aux données de la question des valeurs particulières, les quantités **A** et **B** prennent elles-mêmes diverses valeurs. Il peut arriver que **A** et **B** soient de mêmes signes, ou bien qu'ils soient de signe contraire ; que l'une d'elles s'annule, ou qu'elles s'annulent toutes deux à la fois. Nous allons examiner ces divers cas.

I. Si **A** et **B** sont de même signe, leur quotient est positif ; la valeur $x = \dfrac{\mathrm{B}}{\mathrm{A}}$ est alors une réponse directe à la question, et ne donne lieu à aucune remarque.

II. Si **A** et **B** sont de signes contraires, leur quotient est négatif; on peut alors distinguer deux cas.

Ou la quantité que x représente est susceptible d'être comptée dans deux sens opposés, qui correspondent, l'un à ses valeurs positives, l'autre à ses valeurs négatives. Dans ce cas, une valeur négative trouvée pour l'inconnue est encore une réponse directe à la question. Si, par exemple, l'inconnue x représentait un certain nombre de degrés du thermomètre, comptée à partir du zéro, une valeur telle que -6 n'aurait rien que de parfaitement admissible, et répondrait à 6^0 *au-dessous* de zéro, comme la valeur $+6$ répondrait à 6^0 *au-dessus* de zéro. Cela résulte des conventions dont nous avons parlé au n° **87**.

Ou la quantité que x représente n'est susceptible d'être comptée que dans un seul sens. Alors, une valeur négative trouvée pour x est un caractère d'impossibilité du problème, tel qu'il a été posé du moins. Cette valeur négative indique un vice dans l'énoncé, ou au moins dans la manière de l'entendre; elle montre qu'une quantité qu'on avait regardée comme additive devait être regardée comme soustractive, ou *vice versa*; et l'on peut, en rectifiant l'énoncé, être conduit à une valeur positive numériquement égale à la valeur négative trouvée en premier lieu.

Pour opérer cette rectification dans l'énoncé, on remarque que, si l'on a trouvé, par exemple, la valeur

$$x = -6$$

et qu'on change x en $-x$ dans l'équation du problème, les calculs demeureront les mêmes, à l'exception du signe de x ; en sorte qu'on parviendra à l'équation

$$-x = -6 \text{ , ce qui revient à } x = 6 \text{ .}$$

Ainsi donc, on changera x en $-x$ dans l'équation du problème; il sera facile alors de reconnaître le changement qu'il faut faire subir à l'énoncé pour qu'il conduise à l'équation ainsi modifiée, au lieu de conduire à l'équation primitive.

100. Soit proposé, par exemple, ce problème :

Un ouvrier fait, par jour, a *mètres d'une certaine étoffe; un second ouvrier en fait* b *mètres dans le même temps. Le premier a déjà fait* c *mètres, et le second en a fait* m *de plus. On demande dans combien de jours les deux ouvriers en auront fait autant l'un que l'autre.*

Désignons par x le nombre de jours demandé. Le premier ouvrier faisant a mètres par jour, en fera en x jours un nombre marqué par le produit de a par x, c'est-à-dire ax; au bout de ce temps, le nombre total de mètres qu'il aura fait sera donc $c + ax$. Le second ouvrier faisant b mètres par jour, en fera en x jours un nombre par bx, et, au bout de ce temps, le nombre total de mètres qu'il aura fait sera $c + m + bx$. Or, d'après l'énoncé, ces deux nombres doivent être égaux; on doit donc avoir l'équation

$$c + ax = c + m + bx \qquad [1]$$

d'où l'on tire
$$x = \frac{m}{a - b} \qquad [2],$$

c'est-à-dire que, pour obtenir le nombre de jours demandé, il faut diviser l'avance du second ouvrier par la différence entre les nombres de mètres que les deux ouvriers font par jour; résultat auquel on aurait pu d'ailleurs parvenir directement. On remarquera de plus que la donnée c n'a servi que dans la mise en équation, et a complétement disparu du résultat, qui en est par conséquent indépendant.

Si l'on fait les hypothèses particulières $a = 8$, $b = 5$, $m = 12$, on trouve

$$x = \frac{12}{8 - 5} \quad \text{ou} \quad x = 4 \; .$$

Mais si l'on fait, au contraire, les hypothèses $a = 5$, $b = 8$, $m = 12$, on trouve

$$x = \frac{12}{5 - 8} \quad \text{ou} \quad x = -4 \; .$$

Cette valeur négative indique qu'il y a alors un vice dans l'énoncé. Et en effet, le premier ouvrier travaillant moins vite que le second, ne pourra jamais rattraper celui-ci, qui a une avance de 12 mètres. La quantité x , qu'on avait regardée comme additive, doit donc être regardée comme soustractive. Changeons donc x en $-x$ dans l'équation [1] du problème, il viendra :

$$c - ax = c + m - bx \qquad [3] ,$$

et l'on voit facilement que pour que l'énoncé conduise à l'équation ainsi modifiée, il faut poser la question en ces termes :

Combien s'est-il écoulé de jours depuis celui où le nombre de mètres faits par chacun des deux ouvriers était le même ?

En résolvant l'équation [3] on obtient

$$x = \frac{m}{b - a} \qquad [4] ,$$

et, si l'on met pour a , b , m , les valeurs 5 , 8 , 12 , qui avaient conduit tout à l'heure à une valeur négative, on trouve

$$x = \frac{12}{8 - 5} \quad \text{ou} \quad x = 4 \; .$$

Remarque. Si l'on avait, dès l'abord, regardé le nombre de jours x comme susceptible d'être compté indifféremment vers l'avenir ou vers le passé, c'est-à-dire si on avait considéré x comme une quantité algébrique (91), on aurait pu sur-le-champ admettre la valeur négative, sans être obligé de modifier l'énoncé, autrement qu'en remplaçant ces mots *dans combien de jours* par les mots *depuis combien de jours*, et le mot *sera* par les mots *a été*, ce qui est simplement une nécessité de langage. Et la valeur négative trouvée pour x eût indiqué que l'époque cherchée était *antérieure* au lieu d'être *postérieure* à l'instant que l'on prend pour point de départ.

101. III. Il peut arriver que, par suite des valeurs particulières attribuées aux données, le numérateur B de la valeur

$$x = \frac{B}{A}$$

devienne nul, sans que le dénominateur le soit, ce qui donne

$$x = \frac{O}{A} \ .$$

Une valeur de cette forme n'est autre que *zéro*; car *zéro* divisé par une quantité quelconque, donne évidemment pour quotient *zéro*. Si l'on conservait quelque doute à cet égard, il suffirait de remonter à l'équation

$$A x = B \ ,$$

qui se réduit alors à

$$A x = 0 \ ,$$

et ne peut être satisfaite que par la valeur

$$x = 0 \ ,$$

car, pour annuler un produit tel que Ax, il faut annuler un de ses facteurs; et le facteur A est supposé différent de *zéro*.

Le problème précédent conduirait à une valeur nulle si l'on faisait l'hypothèse particulière $m = 0$. Et, en effet, les quantités d'ouvrage faites par chaque ouvrier étant alors égales, la condition indiquée par l'énoncé se trouve remplie dès le jour même, et par conséquent le nombre de jours cherché est *zéro*.

102. IV. Il peut arriver que les hypothèses faites sur les données annulent le dénominateur A, sans annuler le numérateur, et qu'on ait

$$x = \frac{B}{0} .$$

Remarquons d'abord que l'équation $Ax = B$ se réduit alors à $0 = B$, et ne saurait par conséquent être satisfaite par aucune valeur de x. L'hypothèse $A = 0$ répond donc à un cas d'impossibilité.

Pour voir ce que peut signifier en lui-même le symbole $\frac{B}{0}$, supposons d'abord que A, au lieu de devenir nul, prenne seulement une valeur très-petite, par exemple, $0,001$; on aura

$$x = \frac{B}{0,001} \quad \text{ou} \quad x = 1000\,B .$$

Supposons en second lieu que, par de nouvelles hypothèses, le dénominateur A prenne une valeur encore plus petite, $0,000001$ par exemple; il viendra

$$x = \frac{B}{0,000001} \quad \text{ou} \quad x = 1000000\,B .$$

Si **A** prenait une valeur plus petite encore, par exemple, 0,000000001 , on aurait

$$x = \frac{B}{0,000000001} \quad \text{ou} \quad x = 1000000000\,B .$$

On voit qu'à mesure que le dénominateur **A** acquiert des valeurs de plus en plus petites, la valeur $\frac{B}{A}$ prend au contraire des valeurs de plus en plus grandes. Si donc on attribue à **A** la valeur zéro, c'est-à-dire une valeur moindre que toute quantité assignable, la fraction $\frac{B}{A}$ prendra au contraire une valeur plus grande que toute quantité assignable; c'est ce qu'on appelle une valeur *infiniment grande*, ou *infinie*. On dit, en conséquence, que l'expression $\frac{B}{0}$ est le *symbole de l'infini*.

Si, par exemple, dans le problème du n° **100**, on fait l'hypothèse $a = b$, on trouve $x = \frac{m}{0}$. Or, si l'on remonte à l'énoncé du problème, il est facile d'interpréter ce résultat. Au lieu de supposer $a = b$, c'est-à-dire au lieu de supposer que les deux ouvriers font chaque jour le même nombre de mètres, supposons d'abord que a surpasse b d'une très-petite quantité, c'est-à-dire que la quantité d'ouvrage faite journellement par le premier ouvrier ne surpasse que de très-peu celle que fait journellement le second; il est clair qu'il faudra au premier ouvrier un temps considérable pour rattraper le second. Si donc l'excès de a sur b est plus petit que toute quantité assignable, il faudra au premier ouvrier pour rattraper le second un temps plus long que toute quantité donnée; c'est-à-dire que si $a = b$, le temps cherché sera *infini*.

Une solution *infinie,* ou de la forme $\dfrac{B}{0}$, est donc un caractère d'impossibilité.

REMARQUE I. Il est utile de remarquer que les solutions infinies peuvent être en même temps négatives. Si , par exemple, dans le problème du n° **100**, on fait l'hypothèse $a < b$, on a vu que la valeur de x devenait négative ; c'est-à-dire que si l'on suppose que le premier ouvrier travaille moins vite que le second, ce n'est qu'à une époque *antérieure* qu'ils ont pu avoir fait autant d'ouvrage l'un que l'autre. Or, cette époque antérieure sera d'autant plus éloignée que l'excès de a sur b sera plus petit ; si donc on suppose cet excès nul, ou $a = b$, les deux ouvriers n'auront pu avoir fait autant d'ouvrage l'un que l'autre qu'à une époque antérieure *infiniment éloignée*. En sorte que la solution est à la fois négative et infinie. On trouve, en effet ,

$$x = -\frac{m}{0} \, .$$

Ce caractère d'impossibilité est de même nature que l'infini positif ; il n'y a de différence que dans le sens.

REMARQUE II. On représente quelquefois l'infini positif par le signe $+\infty$ et l'infini négatif par $-\infty$.

105. V. Il peut arriver enfin que les hypothèses faites sur les données représentées par des lettres, annulent à la fois le numérateur B et le dénominateur A de la valeur de l'inconnue x , auquel cas cette valeur prend la forme

$$x = \frac{0}{0} \, .$$

Comme on ignore ce que peut signifier un pareil symbole, et qu'on ne sait d'ailleurs s'il pourrait être légitimement déduit de l'équation $Ax = B$, puisqu'il faudrait diviser ses deux membres par *zéro*, il faut remonter à l'équation même.

Or, dans le cas où A et B sont nuls, cette équation est satisfaite d'elle-même, quelle que soit la valeur qu'on attribue à x , puisque les deux membres sont égaux à *zéro*. Le problème admet donc autant de solutions qu'on voudra ; et par conséquent *l'expression* $\dfrac{0}{0}$ *est un symbole d'indétermination.*

Si, par exemple, dans le problème du n° **100**, on fait en même temps les deux hypothèses $m = 0$ et $a = b$, la valeur de x prend la forme $\dfrac{0}{0}$. Or, il est clair en effet que si aucun des deux ouvriers n'a d'avance sur l'autre, et s'ils font chaque jour le même nombre de mètres, le nombre total de mètres fait par chacun d'eux sera continuellement le même, et que par conséquent toute valeur imaginable de x sera une solution du problème.

On peut, en étudiant l'expression $\dfrac{0}{0}$ en elle-même, reconnaître également une quantité indéterminée. Concevons en effet une fraction algébrique $\dfrac{B}{A}$ dont les deux termes décroissent en conservant entre eux le même rapport. Ce rapport restant, par hypothèse, le même, quelque petits que soient ses deux termes en valeur absolue, on doit admettre qu'il restera encore le même à la limite, c'est-à-dire quand les deux termes seront nuls et que la fraction sera réduite à la forme $\dfrac{0}{0}$. Cette forme peut donc repré-

senter le rapport dont nous parlons. Mais, comme ce rapport est quelconque d'ailleurs, on voit que $\dfrac{0}{0}$ peut représenter telle quantité que l'on voudra.

REMARQUE. Il faut observer toutefois que la valeur de x
peut prendre la forme $\dfrac{0}{0}$, sans qu'il y ait indétermination
réelle, lorsqu'on a négligé de supprimer les facteurs communs au numérateur et au dénominateur.

Supposons, par exemple, qu'un problème ait conduit à la
valeur

$$x = \frac{a^2 - 2ab - 3b^2}{a^2 - 9b^2},$$

et qu'on fasse les hypothèses particulières $a = 6$ et $b = 2$,
on trouvera

$$x = \frac{0}{0},$$

ce qui semble indiquer, dans ce cas, une indétermination
du problème. Mais si l'on observe, que les deux termes de
la valeur de x sont divisibles par $a - 3b$, et qu'on
effectue cette division, il restera

$$x = \frac{a + b}{a + 3b},$$

et si l'on fait, dans cette valeur ainsi simplifiée, les hypothèses $a = 6$ et $b = 2$, qui avaient donné $\dfrac{0}{0}$, on
trouve

$$x = \frac{8}{12} \quad \text{ou} \quad x = \frac{2}{3},$$

valeur parfaitement déterminée.

On voit combien il est important de supprimer les facteurs qui peuvent être communs aux deux termes de la valeur de l'inconnue, puisque, indépendamment d'une plus grande complication dans l'expression de cette valeur, ils peuvent induire en erreur dans certains cas particuliers de la discussion du problème.

§ III. Discussion des problèmes du premier degré à deux inconnues.

104. Soient les deux équations

$$ax + by = c \qquad [1],$$
$$a'x + b'y = c' \qquad [2].$$

Pour en tirer les valeurs de x et de y, nous allons employer la méthode des coefficients indéterminés, déjà indiquée au n° **72**. Multiplions la première équation par une indéterminée m et retranchons-en la seconde membre à membre, il viendra

$$(ma - a')x + (mb - b')y = mc - c' \qquad [3].$$

Or, on peut profiter de l'indétermination de m pour tirer à volonté de l'équation [3], soit la valeur de x, soit celle de y.

Si, par exemple, on égale à zéro le coefficient de y, et qu'on pose

$$mb - b' = 0 \quad \text{d'où} \quad m = \frac{b'}{b},$$

l'équation [3] se réduit à

$$(ma - a')x = mc - c' \quad \text{d'où} \quad x = \frac{mc - c'}{ma - a'},$$

ou, en mettant pour m sa valeur $\dfrac{b'}{b}$,

$$x = \frac{\dfrac{b'c}{b} - c'}{\dfrac{b'a}{b} - a'} = \frac{cb' - bc'}{ab' - ba'} \qquad [4].$$

Si, au contraire, on égale à zéro le coefficient de x, et qu'on pose

$$ma - a' = 0 \qquad \text{d'où} \qquad m = \frac{a'}{a},$$

l'équation [3] se réduit à

$$(mb - b')y = mc - c' \qquad \text{d'où} \qquad y = \frac{mc - c'}{mb - b'},$$

ou, en mettant pour m sa valeur $\dfrac{a'}{a}$,

$$y = \frac{\dfrac{a'}{a}c - c'}{\dfrac{a'}{a}b - b'} = \frac{a'c - ac'}{a'b - ab'} = \frac{ac' - ca'}{ab' - ba'} \qquad [5],$$

en changeant les signes au numérateur et au dénominateur, afin de donner à la valeur de y le même dénominateur qu'à celle de x.

105. Il y a un moyen mnémonique très-simple de se rappeler ces valeurs générales, ou de les reformer directement au besoin. On écrit sur une même ligne les deux combinaisons ab et ba ; on les sépare par le signe $-$, et dans chaque terme on accentue la seconde lettre, ce qui donne $ab' - ba'$; on a ainsi le dénominateur commun aux deux valeurs.

Pour former le numérateur de la valeur de x, il suffit de remplacer, dans ce dénominateur, les lettres a et a', par les lettres c et c' ; c'est-à-dire chaque coefficient de x par le terme indépendant des inconnues qui lui correspond ; on obtient, en effet, ainsi $cb' - bc'$, qui est bien le numérateur de la valeur de x .

Pour former le numérateur de la valeur de y , il faut remplacer dans le dénominateur les lettres b et b' par les lettres c et c' , c'est-à-dire chaque coefficient de y par le terme indépendant des inconnues qui lui correspond ; on obtient ainsi, en effet, $ac' - ca'$, qui est bien le numérateur de la valeur de y .

106. On peut se servir de ces valeurs générales pour résoudre deux équations particulières. Il suffit pour cela d'y remplacer les lettres a , b , c , a' , b' , c' par leurs valeurs.

Soient, par exemple, les deux équations

$$5x + 2y = 33$$
$$7x - 3y = 23$$

déjà traitées au n° **68.** On aura, dans cet exemple,

$$a = 5 , \quad b = 2 , \quad c = 33 , \quad a' = 7 , \quad b' = -3 , \quad c' = 23 .$$

Par suite, en substituant dans les valeurs générales [4] et [5] on trouvera

$$x = \frac{33 \times (-3) - 2 \times 23}{5 \times (-3) - 2 \times 7} = \frac{-99 - 46}{-15 - 14} = \frac{-145}{-29} = 5 ,$$

$$y = \frac{5 \times 23 - 33 \times 7}{5 \times (-3) - 2 \times 7} = \frac{115 - 231}{-15 - 14} = \frac{-116}{-29} = 4 ,$$

comme au numéro cité.

Mais il sera, presque toujours, préférable de traiter directement chaque exemple particulier. Le principal usage des valeurs générales est dans la discussion que nous allons faire.

107. Cette discussion a pour but d'examiner les formes les plus remarquables que peuvent prendre ces valeurs lorsqu'on vient à faire des hypothèses particulières sur la valeur des lettres qui y entrent.

I. D'abord, si les hypothèses particulières donnent pour x et y des valeurs positives, ces valeurs sont une réponse directe à la question, et ne donnent lieu à aucune remarque.

II. Si les valeurs particulières attribuées aux lettres donnent pour l'une des inconnues ou pour chacune d'elles une valeur négative, il pourra arriver que ce soit le signe d'une impossibilité dans le problème ; c'est ce qui aura lieu si la quantité dont il s'agit n'est susceptible par sa nature d'être comptée que dans un seul sens. Dans ce cas on suivra la marche déjà indiquée à l'occasion des problèmes à une seule inconnue : on changera dans les équations du problème le signe de l'inconnue pour laquelle on aura trouvé une valeur négative, et l'on cherchera le changement qu'il faut introduire dans l'énoncé pour qu'il conduise aux équations ainsi modifiées au lieu de conduire aux équations primitives. Il pourra arriver aussi que la valeur négative trouvée puisse être admise comme réponse à la question ; c'est ce qui aura lieu si la quantité dont il s'agit est susceptible d'être comptée indifféremment dans deux sens opposés.

Nous allons donner des exemples de ces deux cas.

108. Problème. *Un ouvrier a travaillé une première fois dans une maison pendant 7 jours, sur 3 desquels il a eu avec lui un apprenti, et il a touché 29 francs. Une seconde fois, le même ouvrier a travaillé pendant 11 jours,* *sur 4 desquels il a eu avec lui son apprenti, et il a tou-ché 47 francs . On demande ce que gagnait l'ouvrier par jour et ce que lui rapportait le travail de son apprenti.*

La traduction de cet énoncé conduit immédiatement aux deux équations

$$7x + 3y = 29$$
$$11x + 4y = 47 ,$$

dans lesquelles x représente le gain journalier de l'ouvrier, et y ce que lui rapporte par jour le travail de son apprenti.

En éliminant y on trouve $x = 5$; et cette valeur, mise pour x dans la première équation, donne

$$35 + 3y = 29 ; \quad \text{d'où} \quad y = -2 ,$$

résultat inadmissible.

Changeons donc le signe de y dans les équations du problème, qui deviendront

$$7x - 3y = 29 ,$$
$$11x - 4y = 47 .$$

On voit que les quantités $3y$ et $4y$, qu'on avait d'abord regardées comme additives, doivent être au contraire regardées comme soustractives; c'est-à-dire que l'apprenti, au lieu de rapporter chaque jour à son maître une somme y , lui coûte au contraire une certaine somme. Il faudra donc poser la question de cette manière : *On demande ce que gagnait l'ouvrier par jour, et ce que lui coûtait son apprenti.*

Avec cette modification, on trouve $x = 5$ et $y = 2$, qui répondent alors directement à l'énoncé.

109. PROBLÈME. *Deux courriers parcourent la même*

route ; l'un fait a *kilomètres par heure, l'autre fait* b *kilomètres dans le même temps ; le premier a passé à minuit en un point* A *situé sur la route ; le second,* h *heures après, a passé en un point* B *situé à* d *kilomètres au delà du point* A *. On demande le lieu et l'heure de leur rencontre.*

X———R″——————A—————R′—————B————R————Y

Nous supposerons d'abord que les deux courriers marchent dans le même sens, de X vers Y . Soit R le lieu de la rencontre , supposé situé au delà du point B . Désignons par x la distance BR , et par y le nombre d'heures écoulées depuis minuit jusqu'à l'instant de la rencontre.

Le premier courrier aura parcouru la distance AR ou $d+x$ en y heures ; et comme il fait a kilomètres par heure, on aura l'équation

$$ay = d + x \qquad [1].$$

Le second courrier aura parcouru la distance BR ou x en $y-h$ heures ; et comme il fait b kilomètres par heure, on aura pour seconde équation

$$b(y-h) = x \qquad [2].$$

Éliminant x , on obtient

$$ay = d + b(y-h) \ , \quad \text{d'où} \quad y = \frac{d-bh}{a-b} \qquad [3].$$

Par suite $\quad y - h = \dfrac{d-bh-ah+bh}{a-b} = \dfrac{d-ah}{a-b} \ ;$

et enfin $\qquad x = \dfrac{b(d-ah)}{a-b} \qquad [4].$

Si l'on a $a > b$ et $d > ah$, on aura à plus forte raison

$d > bh$; les termes des valeurs de x et de y étant positifs, ces valeurs seront positives elles-mêmes, et répondront directement à la question. Si, par exemple, on suppose $a = 12^k$, $b = 9^k$, $d = 63^k$ et $h = 4$ heures , on trouve

$$x = 45^k \quad \text{et} \quad y = 9^h .$$

C'est-à-dire que les courriers se rencontreront à 45 kilomètres au delà du point B , et que la rencontre aura lieu à 9 heures du matin.

Supposons, au contraire, que l'on ait $a > b$ et $d > bh$; mais en même temps $d < ah$, on trouvera pour y une valeur positive, mais pour x une valeur négative. Comme la distance BR est susceptible d'être comptée indifféremment à droite ou à gauche du point B , c'est-à-dire comme x est une quantité *algébrique ,* nous savons que les valeurs négatives n'ont rien d'absurde et peuvent s'interpréter ; ayant admis comme positives les valeurs comptées vers la droite , nous admettrons comme négatives celles qui seront comptées vers la gauche. La solution s'interprétera donc en disant que la rencontre, au lieu de se faire *au delà* du point B se fera *en deçà* de ce point, en R′ par exemple.

C'est ce qui doit être, en effet ; car ah étant le chemin parcouru par le premier courrier dans h heures , la condition $d < ah$ indique que, à h heures après minuit, il aura parcouru une distance plus grande que d , et dépassé par conséquent le point B au moment où le second courrier y arrive ; et comme il va plus vite que celui-ci , la rencontre ne pourra avoir lieu au delà du point B .

Soient , par exemple , $a = 12^k$, $b = 9^k$, $d = 42^k$ et $h = 4$, on trouvera

$$y = 2^h \quad \text{et} \quad x = -18^k ;$$

c'est-à-dire , d'après l'interprétation précédente, que la rencontre aura lieu à 2 heures du matin, et à 18 kilomètres en deçà du point B .

On arriverait aux mêmes résultats en traitant la question directement dans l'hypothèse d'une rencontre entre A et B . Soit, en effet, R′ le point de rencontre , et faisons BR′ = x . Le chemin parcouru par le premier courrier sera AR′ ou $d - x$; on aura donc pour première équation

$$ay = d - x .$$

Le chemin parcouru par le second courrier sera BR′ ou x ; quant au temps employé, ce ne sera plus $y - h$, mais bien $h - y$; car pour que la rencontre ait lieu entre A et B , il faut nécessairement que l'instant de la rencontre précède celui où le second courrier arrive en B , c'est-à-dire que y doit être moindre que h . On aura donc l'équation

$$b(h - y) = x .$$

Or, ces deux équations pourraient se déduire des équations primitives [1] et [2], en y changeant x en $-x$; elles conduiront donc aux mêmes valeurs, sauf le signe de x .

Si l'on faisait les hypothèses $a > b$ et $d < bh$, on aurait à plus forte raison $d < ah$, et les valeurs de x et de y seraient toutes deux négatives. On trouvera l'interprétation de ce résultat en regardant à son tour y comme une quantité algébrique, c'est-à-dire en supposant que y désigne un nombre d'heures susceptible d'être compté indifféremment avant ou après minuit ; la rencontre aurait lieu alors un certain nombre d'heures avant minuit, et à gauche du point B ; le point de rencontre serait même situé à gauche du point A , en R″ , par exemple.

Cela résulte de ce que la valeur absolue de x , qui est alors

$$\frac{b(ah - d)}{a - b} \quad \text{ou} \quad \frac{bah - bd}{a - b} ,$$

est plus grande que $\dfrac{ad - bd}{a - b}$, puisqu'on a $bh > d$; c'est-à-dire qu'elle est plus grande que $\dfrac{(a - b)d}{a - b}$ ou que d .

C'est ce qu'on voit encore en remarquant que bh est le chemin parcouru dans h heures par le second courrier; et que, puisque bh est plus grand que d , le second courrier était, à minuit, à gauche du point A , et que, par conséquent, la rencontre n'a pu avoir lieu que de ce côté.

Si, par exemple, on a $a = 12^k$, $b = 9^k$, $d = 30^k$ et $h = 4$; on trouve $y = -2$ et $x = -54^k$, c'est-à-dire, d'après l'interprétation précédente, que la rencontre a eu lieu 2 heures avant minuit, et à 54 kilomètres à gauche du point B (ou à 24 kilomètres à gauche du point A).

On peut encore vérifier ces résultats en traitant directement le problème pour le cas où la rencontre serait supposée avoir lieu en un point R'' situé à gauche du point A .

En effet, soient x la distance BR'' , et y le nombre d'heures écoulées depuis l'instant de la rencontre jusqu'à l'arrivée du premier courrier en A , c'est-à-dire jusqu'à minuit. Le chemin parcouru par le premier courrier en y heures sera AR'' ou $x - d$; on aura donc pour première équation

$$ay = x - d .$$

Le chemin $R''B$ ou x aura été parcouru par le second courrier dans un temps qui se compose de $y + h$, puisque le second courrier n'arrive en B que h heures après que le premier est arrivé en A ; on aura donc pour seconde équation

$$a(y + h) = x \ .$$

Or, ces deux équations se déduisent des deux équations primitives [1] et [2] en y changeant à la fois x en $-x$ et y en $-y$. Elles donneront donc les mêmes valeurs avec des signes contraires.

110. REMARQUE I. Nous avons supposé jusqu'ici que le second courrier passait en B , un nombre h d'heures *après* que le premier a passé en A ; on pourrait supposer que cela a lieu au contraire h heures *avant*. On va voir qu'il suffit pour introduire cette hypothèse nouvelle de changer partout h en $-h$; en sorte que les formules primitives resteraient applicables si l'on regardait h comme une quantité algébrique susceptible d'être comptée indifféremment en plus ou en moins. En effet, reprenons le premier cas où la rencontre a lieu en R ; on aura comme plus haut

$$ay = d + x \ .$$

Le temps employé par le second courrier à parcourir l'espace BR ou x , sera alors $h + y$, puisque le second part de B , un nombre h d'heures avant que le premier parte du point A ; on aura donc pour seconde équation

$$b(y + h) = x \ ,$$

équation qui ne diffère de celle obtenue dans le numéro précédent qu'en ce que $-h$ est remplacé par $+h$, ou que h est changé en $-h$. Il suffira donc pour obtenir les valeurs de x et y de changer, dans celles obtenues plus haut, le signe des termes où entre h, ce qui donnera

$$y = \frac{d + bh}{a - b} \quad \text{et} \quad x = \frac{b(d + ah)}{a - b}.$$

111. REMARQUE II. Nous avons supposé jusqu'à présent que le premier courrier va plus vite que le second, ou qu'on a $a > b$; on pourrait faire l'hypothèse contraire. Le dénominateur des valeurs de x et de y devenant alors négatif, les valeurs positives trouvées plus haut deviendraient négatives et les négatives deviendraient positives. On trouverait d'ailleurs facilement l'interprétation de tous ces résultats ; nous ne nous y arrêterons point.

Mais nous avons admis jusqu'ici que les deux courriers marchaient dans le même sens ; voyons si les formules primitivement obtenues seraient encore applicables au cas où les deux courriers marcheraient à la rencontre l'un de l'autre.

Admettons, par exemple, que le premier courrier allant de A vers B et le second de B vers A la rencontre se fasse en R′ entre A et B. Soit x la distance BR′ ; et supposons que le second courrier arrive en B, un nombre h d'heures après que le premier est arrivé en A. Soit enfin, comme ci-dessus, y le nombre d'heures écoulées depuis le passage du premier courrier en A, c'est-à-dire depuis minuit, jusqu'à l'instant de la rencontre.

Le chemin parcouru en y heures par le premier courrier sera AR′ ou $d - x$; on aura donc

$$ay = d - x.$$

Le chemin x sera parcouru par le second courrier

dans un temps marqué par $y - h$, comme dans le premier cas ; on aura donc pour seconde équation

$$b(y - h) = x \ .$$

De ces deux équations, on tire

$$y = \frac{d + bh}{a + b} \quad \text{et} \quad x = \frac{b(d - ah)}{a + b} \ .$$

Or, ces valeurs pourraient se déduire des valeurs primitives en y changeant le signe de b et celui de x ; car elles donnent alors

$$y = \frac{d + bh}{a + b} \quad \text{et} \quad - x = \frac{- b(d - ah)}{a + b} \quad \text{ou} \quad x = \frac{b(d - ah)}{a + b} \ .$$

On voit donc que les valeurs primitives seraient applicables au cas qui nous occupe, si, d'une part, on continuait à regarder x comme négatif lorsque cette distance est comptée à gauche du point B , et si, de l'autre, ayant regardé b comme positif lorsque ce nombre de kilomètres parcourus dans une heure par le second courrier représentait un chemin fait vers la droite, on convenait de regarder b comme négatif lorsqu'il représente un chemin fait vers la gauche.

Il résulte de tout ce que nous avons dit dans ces trois derniers numéros que les formules établies pour un cas particulier du problème que nous avons en vue deviennent applicables à tous les cas de ce problème, lorsqu'on y regarde les quantités x , y , h , b , etc., comme des quantités algébriques, c'est-à-dire comme susceptibles d'être comptées indifféremment dans deux sens opposés. Et toutes les fois que les quantités considérées sont effectivement de cette nature, les formules établies dans un cas particulier deviennent applicables à tous ; c'est là une vérité qui ne peut être directement démontrée, mais qui a été vérifiée un assez grand nombre de fois pour qu'on puisse la regarder comme bien établie.

Nous allons maintenant reprendre la discussion des valeurs générales du n° **104** :

$$x = \frac{cb' - bc'}{ab' - ba'} \quad \text{et} \quad y = \frac{ac' - ca'}{ab' - ba'} \, .$$

112. III. Nous venons d'examiner, dans ce qui précède, tous les cas où aucun des deux termes de ces valeurs générales ne devient nul. Il nous reste à examiner ceux dans lesquels l'un de ces termes ou tous deux à la fois prennent la valeur zéro.

Si l'un des numérateurs prend seul la valeur zéro, celui de x par exemple, il en résulte une valeur nulle pour x, ce qui n'offre aucun caractère d'impossibilité.

Si les deux numérateurs sont nuls, sans que le dénominateur commun le soit, x et y sont nuls en même temps. C'est ce qui a lieu quand on fait les hypothèses $c = 0$ et $c' = 0$. Il est clair d'ailleurs que cela ne peut avoir lieu que dans ce cas. Car les valeurs $x = 0$ et $y = 0$ rendant nuls les premiers membres des équations.

$$ax + by = c \quad \text{et} \quad a'x + b'y = c' \, ,$$

ces équations ne peuvent être satisfaites par ces valeurs qu'autant que les seconds membres sont nuls.

113. IV. Si le dénominateur commun prend la valeur zéro, sans que les numérateurs soient nuls, les valeurs de x et de y prennent la forme $\dfrac{B}{0}$ que nous avons déjà rencontrée (**103**) dans la discussion des problèmes à une seule inconnue, et qui s'est présentée à nous comme le symbole de l'infini ou d'une impossibilité.

Remontons aux équations mêmes :

$$ax + by = c \quad \text{et} \quad a'x + b'y = c' \ .$$

Pour les mieux comparer, multiplions la première par b' et la seconde par b ; elles deviennent

$$ab'x + bb'y = cb' \quad \text{et} \quad a'bx + bb'y = bc' \quad [\text{A}].$$

Or, si le dénominateur des valeurs de x et de y est nul, on a

$$ab' - ba' = 0 \quad \text{ou} \quad ab' = ba' \ ;$$

dans les deux équations [A] les premiers membres sont donc identiques sans que les seconds le soient; ces deux équations et par conséquent les deux proposées sont donc *incompatibles*.

114. Prenons pour exemple le problème des courriers. Si l'on suppose $a = b$ dans les valeurs de x et de y du n° **109**, on trouve

$$y = \frac{d - bh}{0} \quad \text{et} \quad x = \frac{b(d - ah)}{0} \ ,$$

si l'on fait la même hypothèse dans les équations primitives

$$ay = d + x \quad \text{et} \quad b(y - h) = x \ ,$$

elles deviennent

$$ay = d + x \quad \text{et} \quad a(y - h) = x \quad \text{ou} \quad ay = ah + x \ ;$$

sous cette forme, l'incompatibilité est manifeste, puisque l'on a les mêmes premiers membres et des seconds membres différents.

En considérant le problème en lui-même, l'impossibilité n'est pas moins évidente. Car, si la vitesse du premier courrier surpasse de très-peu celle du second, il lui faudra un temps considérable pour le rattraper, et la rencontre n'aura lieu qu'à une distance très-grande. Si donc les deux vitesses deviennent égales, on peut dire qu'il faudra au premier courrier un temps infini pour rattraper le second, et que la rencontre aura lieu à une distance infinie.

115. V. Si les deux termes de la valeur de l'une des inconnues deviennent nuls, il en sera en général de même des deux termes de la valeur de la seconde, et ces deux valeurs se présenteront sous la forme $\frac{0}{0}$, qui, dans les problèmes à une seule inconnue, est un caractère d'indétermination (**103**).

Supposons, par exemple, que la valeur générale de x se présente sous cette forme, et qu'on ait à la fois

$$cb' - bc' = 0 \quad \text{et} \quad ab' - ba' = 0 ,$$

ou $$cb' = bc' \quad \text{et} \quad ab' = ba' .$$

En divisant ces relations membre à membre, et supprimant les facteurs communs, on en tire

$$\frac{a}{c} = \frac{a'}{c'} , \quad \text{ou} \quad ac' = a'c , \quad \text{ou} \quad ac' - a'c = 0 ,$$

c'est-à-dire que le numérateur de la valeur de y est nul; et comme elle a le même dénominateur que celle de x, il s'ensuit qu'elle prend aussi la forme $\frac{0}{0}$.

Remontons aux équations mêmes, ou plutôt aux équations [A] que nous en avons déduites.

En comparant ces équations, on reconnaît qu'elles sont identiques, puisque ab' est égal à $a'b$, et cb' à bc'. Ces deux équations, et par conséquent les deux proposées, rentrent donc l'une dans l'autre; on n'a, pour résoudre le problème, qu'une même équation sous deux formes différentes; il est donc indéterminé.

116. Prenons encore pour exemple le problème des courriers. Si l'on suppose à la fois $a=b$ et $d=bh$, auquel cas la valeur de y se présente sous la forme $\dfrac{0}{0}$, on déduit de ces relations cette autre relation très-simple $d=ah$. Par suite la valeur de x prend aussi la forme $\dfrac{0}{0}$.

Si l'on remonte aux équations mêmes

$$ay=d+x \quad \text{et} \quad b(y-h)=x,$$

elles deviennent, en ayant égard aux hypothèses ci-dessus,

$$ay=d+x \quad \text{et} \quad ay=bh+x \quad \text{ou} \quad ay=d+x,$$

c'est-à-dire qu'elles deviennent identiques.

On se rend également compte de l'indétermination en considérant le problème en lui-même. On suppose, en effet, $a=b$, c'est-à-dire que les deux courriers ont la même vitesse. On suppose de plus $d=bh$, c'est-à-dire qu'il faut h heures au second courrier pour parcourir la distance d; en d'autres termes, il était en A, un nombre h d'heures avant d'arriver en B. Il se trouvait donc en A à minuit, en même temps que le premier courrier; et comme ils ont la même vitesse, ils doivent se trouver et s'être trouvés ensemble en tous les points de la route, c'est-à-dire que le problème qui consiste à trouver le lieu et l'heure de la rencontre est un problème indéterminé*.

----

* Voir, pour le cas de trois équations à trois inconnues, notre *Algèbre élémentaire.*

CHAPITRE V.

ÉQUATIONS ET PROBLÈMES DU SECOND DEGRÉ.

§ I. De la formation du carré des quantités algébriques, et de l'extraction de leur racine carrée.

117. Le *carré* d'une quantité algébrique est le produit de cette quantité par elle-même.

Pour former le carré d'un monome, il faut, d'après les règles de la multiplication des monomes, multiplier le coefficient par lui-même, et ajouter à lui-même l'exposant de chaque lettre ; il faut donc, en d'autres termes, *faire le carré du coefficient et doubler tous les exposants.*

Ainsi, le carré de $5\,a^2 b^3 x$ sera $25\,a^4 b^6 x^2$.

118. On a vu (**36**) que *le carré d'un binome se compose du carré du premier terme, de deux fois le produit du premier par le second et du carré du second.*

Voyons comment se compose le carré d'un trinome.

Soit le trinome $a + b + c$. Représentons par une seule lettre x l'ensemble des deux premiers termes ; nous aurons à former le carré de $x + c$, ce qui, d'après la règle rappelée ci-dessus, donnera

$$x^2 + 2cx + c^2 \; ,$$

ou, en remettant pour x sa valeur,

$$(a + b)^2 + 2c(a + b) + c^2 \; ,$$

ou encore $a^2 + 2ab + b^2 + 2ac + 2bc + c^2$;

c'est-à-dire que *le carré d'un trinome se compose du carré du premier terme, plus deux fois le produit du premier terme par le second, plus le carré du second, plus deux fois le produit de chacun des deux premiers par le troisième, plus le carré du troisième.*

On trouverait de même que, s'il y avait un quatrième terme, le carré contiendrait, outre les parties qu'on vient d'énumérer, *deux fois le produit de chacun des trois premiers termes par le quatrième, plus le carré du quatrième.*

119. Pour former le carré d'une fraction algébrique, il faut, d'après les règles de la multiplication des fractions (**56**), faire le carré de son numérateur et le carré de son dénominateur.

Ainsi le carré de $\dfrac{a}{b}$ est $\dfrac{a^2}{b^2}$,

le carré de $\dfrac{2a-3b}{5ab}$ est $\dfrac{4a^2-12ab+9b^2}{25a^2b^2}$,

et ainsi de suite.

120. La *racine carrée* d'une quantité algébrique est une seconde quantité qui, multipliée par elle-même, reproduit la première.

Mais cette racine se distingue de la racine carrée considérée en arithmétique par une différence essentielle. La racine *arithmétique* d'une quantité numérique est essentiellement positive; la racine *algébrique* d'une quantité, soit numérique, soit algébrique, peut être prise indifféremment avec deux signes contraires. En effet, soit à extraire la racine carrée de 49 ; au point de vue arithmétique, la racine est $+7$; mais, au point de vue algébrique, cette racine est aussi bien -7 que $+7$; car -7, multiplié par lui-même, donne, d'après les règles des signes (**94**), $+49$, aussi bien que $+7$ multiplié par lui-même. De même $+a^2$ étant aussi bien le carré de $-a$ que le carré de $+a$, la racine de $+a^2$ est donc, à volonté, $+a$ ou $-a$.

On indique cette double solution en affectant la racine du double signe $\pm$, et l'on écrit

$$\sqrt{a^2} = \pm a \ ; \quad \sqrt{49} = \pm 7 \ .$$

Nous pouvons toutefois, quant à présent, faire abstraction de ce double signe ; sauf à nous rappeler, lorsque nous aurons extrait la racine d'une quantité algébrique, que cette racine peut être prise indifféremment telle que nous l'aurons trouvée ou en signe contraire.

121. D'après la règle donnée (**117**) pour former le carré d'un monome, on peut voir que, pour qu'un monome soit un carré parfait, il faut : 1° que son coefficient soit un carré parfait ; 2° que les exposants de toutes les lettres qui y entrent soient pairs.

Si ces deux conditions sont remplies, on obtiendra la racine carrée du monome proposé en extrayant la racine de son coefficient, et en divisant par 2 les exposants de toutes les lettres. Ainsi la racine de $49\,a^4 b^6 x^2$ est $7 a^2 b^3 x$, abstraction faite du double signe $\pm$.

Si ces conditions ne sont pas remplies, on se contente d'indiquer la racine. Soit, par exemple, le monome $24\,a^3 b^4 x$; sa racine sera indiquée par $\sqrt{24\,a^3 b^4 x}$.

122. On reconnaît qu'un trinome, ordonné par rapport aux puissances d'une certaine lettre, est un carré parfait, lorsque son premier et son dernier termes sont des carrés, et que le terme intermédiaire, considéré indépendamment de son signe, est le double produit des racines des termes extrêmes ; on extrait alors la racine de ce trinome en extrayant séparément la racine du premier terme et celle du dernier, et en mettant entre ces racines le signe du terme intermédiaire dans le trinome proposé.

Soit, par exemple, le trinome

$$4\,a^2x^4 - 12\,a^3x^3 + 9\,a^4x^2\ ;$$

on remarque que son premier terme $+4\,a^2x^4$ est le carré de $2\,ax^2$, que son dernier terme $+9\,a^4x^2$ est le carré de $3\,a^2x$, et que le terme intermédiaire $12\,a^3x^3$, considéré indépendamment de son signe, est le double du produit de $2\,ax^2$ par $3\,a^2x$. Ce trinome est un carré parfait; et l'on obtiendra sa racine en prenant les racines des termes extrêmes, et en les réunissant par le signe — qui précède le terme intermédiaire; ce qui donnera

$$2\,ax^2 - 3\,a^2x\ .$$

On trouvera de même que le trinome

$$9\,a^2 + 30\,ab + 25\,b^2$$

est le carré de

$$3\,a + 5\,b\ .$$

123. Pour extraire la racine carrée d'une fraction algébrique, il faut extraire la racine de chacun de ses termes; cela résulte de la loi de formation du carré d'une fraction (**119**). Ainsi la racine carrée de la fraction

$$\frac{25\,a^2 - 60\,ax + 36\,x^2}{144\,a^2}\quad \text{est}\quad \frac{5\,a - 6\,x}{12\,a}\ .$$

Si l'un des deux termes n'est pas un carré parfait, on se contente d'indiquer la racine; ainsi la racine de

$$\frac{13\,ab}{9\,x^2}\quad \text{s'écrira}\quad \frac{\sqrt{13\,ab}}{3\,x}\ .$$

§ II. De la résolution des équations du second degré à une seule inconnue.

124. Une équation à une seule inconnue est du *second degré* quand, après avoir fait disparaître les dénominateurs et effectué les calculs, elle contient un ou plusieurs termes où l'inconnue entre à la seconde puissance.

Soit d'abord l'équation très-simple

$$x^2 = 25 \ ,$$

qui ne renferme qu'un terme en x^2 et un terme indépendant de x .

Lorsque deux quantités algébriques sont égales, on ne peut pas affirmer que leurs racines carrées soient égales, car ces racines peuvent différer par le signe (**120**); mais si l'on prend la racine de l'une avec le signe $+$ ou avec le signe $-$, on peut être assuré d'avoir en même temps une racine de l'autre. On peut donc, en extrayant la racine des deux membres de l'équation ci-dessus, écrire généralement

$$\pm x = \pm 5 \ .$$

Cette équation offre quatre combinaisons de signes :

$$+ x = + 5 \ ,$$
$$+ x = - 5 \ ,$$
$$- x = + 5 \ ,$$
$$- x = - 5 \ .$$

Mais les deux dernières reproduisent les deux premières quand on y change à la fois tous les signes, ce qui est permis. **On aura donc** toutes les combinaisons distinctes en écrivant simplement

$$x = \pm 5 \, .$$

Si l'on avait l'équation $\quad x^2 = A \, ,$

on en tirerait de même $\quad x = \pm \sqrt{A} \, .$

125. Soit maintenant l'équation

$$14x - x^2 = 40 \qquad\qquad [1],$$

ou $\qquad\qquad x^2 - 14x = -40 \qquad\qquad [2],$

qui renferme un terme en x^2 , un terme en x et un terme indépendant de x . Si l'on pouvait convertir le premier membre en un carré parfait, en extrayant ensuite la racine carrée des deux membres, l'équation se trouverait ramenée au premier degré; car la racine d'un polynome du second degré en x doit être du premier degré par rapport à cette lettre.

Or, on remarque que $x^2 - 14x$ peut être considéré comme formant les deux premiers termes du carré d'un binome, savoir : x^2 , le carré du premier terme de ce binome inconnu, et $-14x$ le double produit du premier terme de ce binome par le second. On aura le premier terme de ce binome inconnu en extrayant la racine de x^2 , qui est x ; et pour avoir le second, il faudra diviser le double produit $-14x$ des deux termes du binome inconnu par le double $2x$ du premier, ce qui donne -7 . Le binome cherché est donc $x - 7$, et l'on complétera son carré en ajoutant à $x^2 - 14x$ le carré du second terme -7 , c'est à-dire 49 . Mais, pour ne pas troubler l'égalité, il faudra ajouter aussi 49

au second membre de l'équation [2], ce qui donnera

$$x^2 - 14x + 49 = -40 + 49$$

ou

$$(x - 7)^2 = 9 \ .$$

Extrayant alors la racine de chaque membre, en remarquant que, d'après ce qui a été dit au numéro précédent, il suffit de mettre le double signe $\pm$ devant la racine du second membre, on obtient

$$x - 7 = \pm 3 \ ;$$

ou, en faisant passer le terme -7 dans le second membre,

$$x = 7 \pm 3 \ .$$

En adoptant le signe supérieur, on trouve

$$x = 7 + 3 = 10 \ ;$$

et en adoptant le signe inférieur, on trouve

$$x = 7 - 3 = 4 \ .$$

L'équation peut donc être satisfaite de deux manières, soit en remplaçant x par 10, soit en remplaçant x par 4. C'est ce qu'il est facile de vérifier, car on a dans le premier cas

$$14 \times 10 - 100 = 140 - 100 = 40 \ ,$$

et dans le second,

$$14 \times 4 - 16 = 56 - 16 = 40 \ .$$

126. Généralement, après avoir fait disparaître les dénominateurs, une équation du second degré ne pourra contenir que trois espèces de termes, savoir : des termes en x^2, des termes en x, et des termes indépendants de x. Si l'on fait passer tous les termes dans un même membre, qu'on mette x^2 en facteur parmi ceux qui le contiennent, et qu'on en fasse autant pour x , l'équation aura la forme générale

$$ax^2 + bx + c = 0 \ ,$$

dans laquelle a , b , c peuvent être des quantités quelconques numériques ou algébriques, monomes ou polynomes.

Divisant tous les termes par a , il vient

$$x^2 + \frac{b}{a}x + \frac{c}{a} = 0 \ ;$$

ou , en remplaçant $\frac{b}{a}$ par p et $\frac{c}{a}$ par q , pour abréger l'écriture,

$$x^2 + px + q = 0 \ .$$

Telle est l'équation qu'il s'agit de résoudre.

Faisons passer le terme q dans le second membre, et écrivons

$$x^2 + px = -q \qquad\qquad [1].$$

Le premier membre peut être considéré comme renfermant les deux premiers termes du carré d'un binome, savoir : x^2 carré du premier terme de ce binome inconnu, et px double produit du premier terme de ce binome par le second. On aura le premier terme de ce binome inconnu en extrayant la racine de x^2 , qui est x ; et pour avoir le second, il faudra diviser le double produit px des deux termes du binome inconnu, par le double $2x$ du premier, ce qui donne $\frac{p}{2}$. Le binome cherché est donc $x + \frac{p}{2}$; et l'on complétera son carré en ajoutant à $x^2 + px$ le carré de $\frac{p}{2}$ ou $\frac{p^2}{4}$. Mais, pour ne pas troubler l'égalité, il faudra aussi ajouter $\frac{p^2}{4}$ au second membre de l'équation [1], ce qui donnera

$$x^2 + px + \frac{p^2}{4} = -q + \frac{p^2}{4} \, ,$$

ou
$$\left(x + \frac{p}{2}\right)^2 = \frac{p^2}{4} - q \, .$$

Extrayant la racine des deux membres, en mettant le double signe $\pm$ devant la racine du second, on obtient

$$x + \frac{p}{2} = \pm \sqrt{\frac{p^2}{4} - q} \, ;$$

ou, en faisant passer le terme $\frac{p}{2}$ dans le second membre,

$$x = -\frac{p}{2} \pm \sqrt{\frac{p^3}{4} - q} \, .$$

Cette expression de x est une *formule générale* qui peut servir à trouver immédiatement l'inconnue dans une équation du second degré quelconque, sans répéter les raisonnements ci-dessus, et que l'on peut énoncer de la manière suivante :

Dans toute équation du second degré ramenée à la forme

$$x^2 + px + q = 0 \, ,$$

l'inconnue est égale à la moitié du coefficient de la première puissance de x *, plus ou moins la racine carrée du carré de cette moitié, suivi du terme indépendant de* x *, pris avec le signe qu'il a dans le second membre.*

127. 1. Si on applique cette règle à l'équation

$$x^2 - 5x + 6 = 0 \, ,$$

on trouvera immédiatement

$$x = \frac{5}{2} \pm \sqrt{\frac{25}{4} - 6} \; ,$$

ou

$$x = \frac{5}{2} \pm \sqrt{\frac{1}{4}} = \frac{5}{2} \pm \frac{1}{2} \; ,$$

ce qui donne les deux valeurs

$$x = \frac{5}{2} + \frac{1}{2} = 3 \; ,$$

et

$$x = \frac{5}{2} - \frac{1}{2} = 2 \; ;$$

en sorte que l'équation est satisfaite par les deux valeurs 3 et 2 .

II. Soit encore l'équation algébrique

$$x^2 - (2a + 3b)x + 6ab = 0 \; ,$$

on trouvera, en appliquant la règle,

$$x = \frac{2a + 3b}{2} \pm \sqrt{\left(\frac{2a + 3b}{2}\right)^2 - 6ab}$$

ou bien $\quad x = \frac{2a + 3b}{2} \pm \sqrt{\frac{4a^2 + 12ab + 9b^2}{4} - 6ab} \; .$

Réduisant tout au dénominateur 4 sous le radical, et réduisant, il vient

$$x = \frac{2a + 3b}{2} \pm \sqrt{\frac{4a^2 - 12ab + 3b^2}{4}} \; .$$

Or la racine peut s'extraire exactement, ce qui donne

$$x = \frac{2a + 3b}{2} \pm \frac{2a - 3b}{2} \; .$$

De là deux valeurs

$$x = \frac{2a + 3b + 2a - 3b}{2} = 2a$$

et

$$x = \frac{2a + 3b - 2a + 3b}{2} = 3b \; .$$

128. Il est bon de savoir résoudre l'équation

$$ax^2 + bx + c = 0$$

sans être obligé de diviser par a.

Or, si, dans les valeurs obtenues plus haut,

$$x = -\frac{p}{2} \pm \sqrt{\frac{p^2}{4} - q} \ ,$$

on remplace p et q par leurs valeurs, il vient

$$x = -\frac{b}{2a} \pm \sqrt{\frac{b^2}{4a^2} - \frac{c}{a}} \ .$$

Réduisant au même dénominateur sous le radical, on trouve

$$x = -\frac{b}{2a} \pm \sqrt{\frac{b^2 - 4ac}{4a^2}} \ ,$$

ou, en extrayant la racine du dénominateur $4a^2$, et mettant $2a$ en dénominateur commun,

$$x = \frac{-b \pm \sqrt{b^2 - 4ac}}{2a} \ .$$

On peut arriver à cette expression d'une manière plus simple. Multiplions par $4a$ les deux membres de l'équation proposée, après avoir fait passer le terme c dans le second membre, elle devient

$$4a^2x^2 + 4abx = -4ac \ .$$

Ajoutons b^2 à chaque membre, nous aurons

$$4a^2x^2 + 4abx + b^2 = b^2 - 4ac$$

ou, en remarquant que le premier membre est un carré parfait,

$$(2ax + b)^2 = b^2 - 4ac \ .$$

Extrayant la racine, on obtient

$$2\,ax + b = \pm \sqrt{b^2 - 4ac} \ ,$$

d'où
$$2\,ax = -b \pm \sqrt{b^2 - 4ac}$$

et
$$x = \frac{-b \pm \sqrt{b^2 - 4ac}}{2\,a} \ .$$

On peut énoncer cette expression en disant que : *dans toute équation du second degré de la forme* $ax^2 + bx + c = 0$, *l'inconnue est égale au coefficient de la première puissance de* x *pris en signe contraire, plus ou moins la racine carrée du carré de ce coefficient, diminué de quatre fois le produit du coefficient de* x^2 *par le terme indépendant de* x ; *le tout divisé par le double du coefficient de* x^2 .

Soit pour exemple l'équation

$$3x^2 - 5x - 2 = 0 \ ,$$

on en tirera
$$x = \frac{5 \pm \sqrt{25 + 4 \times 3 \times 2}}{6} \ ,$$

ou
$$x = \frac{5 \pm \sqrt{25 + 24}}{6} = \frac{5 \pm 7}{6} \ ,$$

ce qui donne les deux valeurs

$$x = \frac{5 + 7}{6} = 2 \quad \text{et} \quad x = \frac{5 - 7}{6} = -\frac{1}{3} \ .$$

Le lecteur pourra s'exercer sur les exemples suivants :

$$7x^2 - 32x + 15 = 0 \ ,$$

$$x^2 - (4a - 2b)x + 3a^2 - 8ab - 3b^2 = 0 \ ,$$

$$\frac{a}{x - b} + \frac{b}{x - a} = 2 \ ,$$

$$\frac{3a}{x + b} + \frac{x - 2b}{a - b} = 4 \ .$$

§ III. Problèmes qui conduisent à une équation du second degré à une seule inconnue.

129. Quant à la mise en équation des problèmes, nous n'avons rien à ajouter à ce qui a été dit d'une manière générale au n° **61**. Nous nous bornerons donc à traiter quelques questions choisies.

PROBLÈME I. *Un banquier a escompté en dedans un billet de 2080 fr. payable dans 8 mois, et un billet de 3150 fr. payable dans 10 mois ; l'escompte total a été de 230 fr. ; on demande quel était le taux de l'escompte.*

Soit x le taux de l'escompte. Puisque 100 fr., au bout de 1 an, rapportent x, au bout de 8 mois, ils rapporteraient $\dfrac{8x}{12}$ ou $\dfrac{2x}{3}$; par conséquent, si un billet payable dans 8 mois énonçait la somme $100^{f} + \dfrac{2x}{3}$, l'escompte *en dedans* de ce billet serait $\dfrac{2x}{3}$. Dans les mêmes conditions, l'escompte de 2080 fr. sera donc donné par le quatrième terme de la proportion

$$100 + \frac{2}{3}x : \frac{2}{3}x :: 2080^{f} : \text{ce quatrième terme},$$

dont la valeur est conséquemment

$$\frac{2080^{f} \times \dfrac{2}{3}x}{100 + \dfrac{2}{3}x}$$

ou, en multipliant haut et bas par 3,

$$\frac{4160\,x}{300 + 2x} \qquad\qquad [1].$$

En second lieu, 100 fr. au bout de 1 an rapportant x, au bout de 10 mois ils rapporteront $\dfrac{10x}{12}$ ou $\dfrac{5x}{6}$; par conséquent, si un billet payable dans 10 mois énonçait la somme $100^f + \dfrac{5x}{6}$, l'escompte en dedans de ce billet serait $\dfrac{5x}{6}$. Dans les mêmes conditions, l'escompte de 3150 fr. sera donc donné par le quatrième terme de la proportion

$$100 + \frac{5x}{6} : \frac{5x}{6} :: 3150^f : \text{ce quatrième terme,}$$

dont la valeur est conséquemment

$$\frac{3150^f \times \dfrac{5x}{6}}{100 + \dfrac{5x}{6}}$$

ou, en multipliant haut et bas par 6,

$$\frac{15750\,x}{600 + 5x} \qquad [2].$$

Mais, d'après l'énoncé, la somme de ces deux escomptes doit faire 230 fr. ; on doit donc avoir l'équation

$$\frac{4160\,x}{300 + 2x} + \frac{15750\,x}{600 + 5x} = 230 \qquad [3].$$

Faisant disparaître les dénominateurs, transposant et réduisant, il vient

$$50000\,x^2 + 6600000\,x = 41400000$$

ou $\qquad\qquad x^2 + 132\,x = 828 \qquad\qquad [4],$

d'où l'on tire $x = 6$ et $x = -138$.

Le taux de l'escompte étant essentiellement positif, la

seconde valeur doit être rejetée ; le taux cherché est donc 6 pour 100 . On trouvera ensuite pour l'escompte des deux billets 80 fr. et 150 fr. , en mettant pour x la valeur 6 dans les expressions [1] et [2].

REMARQUE. En changeant x en $-x$ dans l'équation [3], il serait facile de trouver un énoncé auquel convînt la solution -138 prise positivement ; mais, outre que cet énoncé serait incompatible avec la notion d'escompte, la valeur positive $+6$ se trouverait alors convertie en une valeur négative -6 .

On pourra être surpris, au premier abord, de voir l'Algèbre donner ainsi une solution étrangère à la question, quel que soit le signe que l'on donne à x dans l'équation du problème. Mais il faut bien remarquer que l'Algèbre doit donner la réponse à toutes les questions qui pourraient conduire à la même équation [4], et dont le nombre est illimité.

150. PROBLÈME II. *Partager 17 en deux parties telles que le carré de la première surpasse de 2 unités le double du carré de la seconde.*

Si l'on appelle x la première partie, la seconde sera $(17 - x)$; et en traduisant algébriquement l'énoncé, on aura

$$2(17 - x)^2 + 2 = x^2$$

ou, en réduisant,

$$x^2 - 68 x + 580 = 0 ,$$

d'où l'on tire $x = 34 \pm 24 ,$

c'est-à-dire $x = 58$ et $x = 10$.

La seconde valeur satisfait à la question, et donne pour les deux parties 10 et 7 .

Quant à la première valeur, elle est, quoique positive,

étrangère à la question proposée, puisqu'une des parties de 17 ne saurait surpasser 17 .

REMARQUE. L'explication de cette circonstance, en apparence singulière, est facile à trouver. Le problème que nous venons de résoudre avec une seule inconnue, en comporte réellement deux, qui sont les deux parties de 17 .

En appelant x et y ces deux parties, les équations du problème seraient

$$x + y = 17 ,$$
$$2y^2 + 2 = x^2 .$$

Or, il ne suffit pas que x soit positif pour que la solution réponde à l'énoncé, il faut encore que y le soit, ce qui ne peut avoir lieu si x surpasse 17 .

Si l'on change y en $-y$, la première équation devient

$$x - y = 17$$

et la seconde ne change point. Ces équations répondraient à ce problème : *Trouver deux nombres qui diffèrent de 17 , et tels que le carré du plus grand surpasse de 2 unités le double du carré du plus petit.* Dans ce cas, les valeurs de x restant les mêmes, on trouve que la valeur $x = 58$ satisfait et donne pour y une valeur positive $y = 41$; tandis que $x = 10$ donne $y = -7$.

Mais les valeurs, tant négatives que positives de y , deviendraient admissibles si l'on prenait pour énoncé : *Trouver deux quantités dont la somme algébrique soit 17 , et telles que le carré de la première surpasse de 2 unités le double du carré de la seconde.*

On voit ici, comme dans le problème précédent, que l'équation à laquelle on est parvenu est plus générale que le problème qui y a conduit, et que c'est à cette plus grande généralité qu'il faut attribuer les valeurs étrangères au problème particulier que l'on a en vue, fournies par les procédés de l'Algèbre.

131. Problème III. *Une personne qui a 120000 fr. de capital en a fait deux parts qu'elle a placées à deux taux différents ; la première lui rapporte annuellement 2800 fr. ; la seconde, qui est placée à un taux plus élevé de 1 fr. , lui rapporte 2500 fr. On demande quelles sont les deux parts, et à quels taux elles ont été placées.*

Désignons par x le taux auquel la première part est placée. Si la première part était connue, on obtiendrait son intérêt annuel en la multipliant par le taux x , et en divisant par 100 ; ce qui devrait donner 2800 fr. On aura donc l'expression de la première part en faisant les opérations inverses, c'est-à-dire en multipliant 2800 fr. par 100 , et en divisant le produit par x ; ce qui donne

$$\frac{280000}{x} .$$

En raisonnant de la même manière , on trouvera pour l'expression de la seconde part

$$\frac{250000}{x+1} .$$

Et puisque la somme des deux parts doit faire le capital entier, on devra avoir

$$\frac{280000}{x} + \frac{250000}{x+1} = 120000 ,$$

ou
$$\frac{28}{x} + \frac{25}{x+1} = 12 ,$$

ou encore
$$12\,x^2 - 41x - 28 = 0 ,$$

d'où l'on tire $x = 4$ et $x = -\frac{7}{12} .$

La valeur positive $+4$, qui est seule admissible, donne $4+1$ ou 5 pour le taux auquel a été placée la seconde part. La première est alors

$$\frac{280000}{4} \quad \text{ou} \quad 70000^{\text{f}} \, ,$$

et la seconde est

$$\frac{250000}{5} \quad \text{ou} \quad 50000^{\text{f}} \, .$$

La somme de ces deux parts forme bien le capital 120000 fr.

Ici, comme dans le problème I, la valeur négative $-\dfrac{7}{12}$ ne pourrait être interprétée qu'en partant d'un énoncé incompatible avec la notion d'intérêt. Rappelons que si l'Algèbre fournit ainsi une solution étrangère, cela tient à ce que l'équation à laquelle on est parvenu a plus de généralité que le problème particulier qui y a conduit, et que l'Algèbre doit répondre à toutes les questions qui conduiraient à cette même équation, et dont quelques-unes pourraient admettre la solution négative $-\dfrac{7}{12}$.

152. Le lecteur pourra s'exercer sur les exemples qui suivent :

I. *Une personne a acheté du drap pour* 300 *fr. Si elle avait payé le mètre* 5 *fr. de moins elle aurait eu, pour la même somme,* 2^{m} *de drap de plus. On demande combien elle a acheté de mètres de drap.*

(Réponse : 10^{m} . Solution négative -12^{m}).

II. *Un amateur de tableaux achète pour original une copie qu'il est obligé de revendre ensuite* 24 *fr. ; à ce marché il perd autant pour* 100 *que le tableau lui avait coûté.* **On** *demande quel a été le prix d'achat.*

(Réponse : 60 fr. et 40 fr.)

III. *Partager* 12 *en deux parties telles que le carré de la première soit inférieur d'une unité au double du carré de la seconde.*

(Réponse : la première partie est 7 ; par suite la seconde est 5 . De plus une solution inadmissible, 41 pour la première partie, ce qui donnerait pour la seconde —30 . (Voy. le n° 150.)

IV. *On a payé* 96 *fr.* à 14 *ouvriers* , *hommes et femmes ; chaque homme a reçu autant de francs qu'il y avait de femmes, et chaque femme autant de francs qu'il y avait d'hommes. Combien y avait-il d'hommes et combien y avait-il de femmes ?*

(Réponse : 8 hommes et 6 femmes , ou bien 6 hommes et 8 femmes).

V. *Trouver les quatre termes d'une proportion par quotient, sachant que la raison est* 3 , *que la somme des antécédents est* 5 , *et que la somme des carrés des quatre termes est* 130 .

(Réponse : 2 : 6 :: 3 : 9 ou 3 : 9 :: 2 : 6).

VI. *Deux ouvriers ont un ouvrage à faire. Si chacun d'eux en faisait la moitié, il leur faudrait en tout* 25 *heures de travail pour le terminer ; mais s'ils y travaillent ensemble, l'ouvrage sera fait en* 12 *heures* . *Combien d'heures chacun d'eux emploierait-il à faire l'ouvrage entier s'il travaillait seul ?*

(Réponse : L'un des ouvriers emploierait 30 heures , et l'autre 20 heures .)

CHAPITRE VI.

DES QUANTITÉS IRRATIONNELLES DU SECOND DEGRÉ, DES QUANTITÉS
IMAGINAIRES, ET DE LA DISCUSSION DES PROBLÈMES DU SECOND
DEGRÉ.

§ I. Des quantités irrationnelles et des quantités imaginaires du second degré.

133. Lorsqu'un nombre entier n'est pas un carré parfait, on sait que sa racine carrée ne peut être exprimée exactement ni par un nombre entier, ni par un nombre fractionnaire ; mais que l'on peut en approcher aussi près qu'on le désire. Ainsi une expression telle que $\sqrt{2}$ représente une quantité dont la valeur ne peut être assignée exactement en nombres, mais qui a néanmoins une existence réelle, puisqu'on peut toujours trouver deux quantités numériques, différant entre elles d'aussi peu qu'on le voudra, et entre lesquelles elle soit comprise. Une pareille quantité est ce qu'on appelle une quantité *incommensurable*, si on la considère sous le rapport de son évaluation numérique, ou une quantité *irrationnelle*, si l'on ne s'attache qu'au signe $\sqrt{}$ par lequel elle est représentée.

Une quantité telle que $\sqrt{3ab}$, dans laquelle a et b sont des quantités numériques quelconques, est encore une quantité *irrationnelle*. On pourrait bien, à la vérité, trouver pour a et b des valeurs numériques telles que $3ab$ devînt un carré parfait, auquel cas $\sqrt{3ab}$ deviendrait rationnel et commensurable : mais comme cela n'a pas lieu pour toutes les valeurs qu'on pourrait attribuer à

a et à b, il convient de traiter l'expression $\sqrt{3ab}$ comme si le radical (12) ne pouvait jamais disparaître, c'est-à-dire qu'il convient de la traiter comme si elle devait rester irrationnelle pour toutes les valeurs de a et de b.

Généralement, toutes les fois qu'un radical du second degré porte sur une quantité algébrique qui n'est point un carré parfait, *algébriquement parlant,* c'est-à-dire indépendamment des valeurs particulières qu'on peut attribuer aux lettres qui y entrent, l'expression doit être regardée comme irrationnelle, bien que pour certaines valeurs particulières attribuées aux lettres, elle puisse cesser de l'être. C'est ainsi que $\sqrt{a^2+b^2}$ doit être considérée comme une quantité irrationnelle, attendu que a^2+b^2 ne peut être ni le carré d'un monome, ni celui d'un polynome; et cela, quoique certaines valeurs particulières, attribuées à a et à b, ou à l'une des deux seulement, puissent rendre a^2+b^2 un carré parfait, ce qui arriverait, par exemple, pour $b=\dfrac{3}{4}a$, auquel cas a^2+b^2 se réduirait à $\dfrac{25\,a^2}{4}$ et serait le carré de $\dfrac{5\,a}{2}$.

154. La première chose à faire, dans le calcul des quantités irrationnelles, est de simplifier les radicaux s'il y a lieu. Cette simplification repose sur le principe suivant :

La racine carrée d'un produit équivaut au produit des racines carrées de ses facteurs.

Soient, par exemple, a, b, c, d les facteurs du produit; je dis qu'on a

$$\sqrt{a.b.c.d} = \sqrt{a}.\sqrt{b}.\sqrt{c}.\sqrt{d}.$$

En effet, le premier membre élevé au carré donne $a.b.c.d$ par définition. Voyons ce qu'on obtient en élevant au carré le second membre. Ce carré se présente d'abord sous la forme

$$(\sqrt{a} \cdot \sqrt{b} \cdot \sqrt{c} \cdot \sqrt{d})(\sqrt{a} \cdot \sqrt{b} \cdot \sqrt{c} \cdot \sqrt{d}) \ .$$

En admettant, pour les quantités irrationnelles les règles de multiplication établies pour les quantités rationnelles, on pourra l'écrire :

$$\sqrt{a} \cdot \sqrt{b} \cdot \sqrt{c} \cdot \sqrt{d} \cdot \sqrt{a} \cdot \sqrt{b} \cdot \sqrt{c} \cdot \sqrt{d} \ ,$$

ou bien $\sqrt{a} \cdot \sqrt{a} \cdot \sqrt{b} \cdot \sqrt{b} \cdot \sqrt{c} \cdot \sqrt{c} \cdot \sqrt{d} \cdot \sqrt{d}$,

ou encore

$$(\sqrt{a} \cdot \sqrt{a}) \times (\sqrt{b} \cdot \sqrt{b}) \times (\sqrt{c} \cdot \sqrt{c}) \times (\sqrt{d} \cdot \sqrt{d}) \ .$$

Mais, par définition, $\sqrt{a} \cdot \sqrt{a}$ est égal à a ; de même $\sqrt{b} \cdot \sqrt{b}$ est égal à b , et ainsi des autres. Le produit obtenu peut donc s'écrire

$$a \cdot b \cdot c \cdot d \ .$$

Ainsi le carré du second membre de l'égalité ci-dessus revient au carré du premier membre. Donc ces deux membres sont égaux eux-mêmes en valeur absolue. Et comme, quel que soit le signe qu'on prenne pour chacun des radicaux $\sqrt{a}$, $\sqrt{b}$, etc., le produit aura nécessairement le signe $+$ ou le signe $-$, c'est-à-dire l'un des deux signes que l'on peut donner au premier membre ; il s'ensuit que les deux membres sont égaux pour la valeur absolue et pour les signes.

135. Supposons maintenant qu'il s'agisse de simplifier un radical ; par exemple.

$$\sqrt{75 a^3 b^4 x} \ .$$

On décomposera la quantité placée sous le radical en

deux facteurs, dont l'un soit un carré parfait; on pourra écrire ainsi

$$\sqrt{25\,a^2b^4 \times 3\,ax} \ .$$

Or, en vertu du principe précédent, on peut extraire séparément (ou indiquer si l'on ne peut l'extraire) la racine de chacun des deux facteurs, ce qui donnera

$$\sqrt{25\,a^2b^4} \times \sqrt{3\,ax} \ .$$

La première racine s'extrait exactement (**121**); il vient donc

$$5\,ab^2\sqrt{3\,ax} \ ,$$

et le signe radical porte maintenant sur une quantité plus simple

On trouvera de même que les quantités

$$\sqrt{108\,a\,b^5x^2} \ , \quad \sqrt{363\,a^3b^3x^4} \ , \quad \sqrt{864\,a^5b^2x^3}$$

peuvent s'écrire respectivement

$$9\,b^2x\sqrt{3\,ab} \ , \quad 11abx^2\sqrt{3\,ab} \ , \quad 12\,a^2bx\sqrt{6\,ax} \ .$$

Remarque. On nomme quantités irrationnelles *semblables* celles qui, lorsqu'elles ont été simplifiées, présentent la même quantité sous le radical.

Telles sont les deux quantités $9\,b^2x\sqrt{3\,ab}$ et $11abx\sqrt{3ab}$ obtenues ci-dessus.

136. On peut, au contraire, dans certains calculs, avoir intérêt à faire passer sous le radical un facteur placé devant; il est clair qu'il faut alors élever ce facteur au carré.

Si l'on a, en effet, l'expression $a\sqrt{b}$, on peut l'écrire

$$\sqrt{a^2} \cdot \sqrt{b}$$

ou, en vertu du principe démontré au n° **134**,

$$\sqrt{a^2b} \ .$$

157. Ce que nous venons de dire d'un facteur peut se dire d'un dénominateur, car diviser une quantité par m, par exemple, revient à la multiplier par $\dfrac{1}{m}$.

Soit l'expression

$$\sqrt{\frac{a}{m^2}} \text{, qui revient à } \sqrt{\frac{1}{m^2}.a} \text{ ou à } \sqrt{\left(\frac{1}{m}\right)^2.a}\,.$$

En vertu de ce qui précède (**154**), on pourra l'écrire

$$\sqrt{\left(\frac{1}{m}\right)^2}.\sqrt{a} \text{ , ou } \frac{1}{m}\sqrt{a} \text{ , ou enfin } \frac{\sqrt{a}}{m}\,.$$

On a donc
$$\sqrt{\frac{a}{m^2}} = \frac{\sqrt{a}}{m}\,,$$

ce qui permet de faire passer un dénominateur hors d'un radical en en extrayant la racine, ou de l'y faire entrer en l'élevant au carré.

158. Nous pouvons maintenant passer en revue les différentes opérations qu'on peut avoir à effectuer sur les radicaux du second degré.

L'ADDITION et la SOUSTRACTION ne peuvent que s'indiquer, si les radicaux sont dissemblables. Ainsi, la somme de $\sqrt{a}$ et de $\sqrt{b}$, s'écrira simplement $\sqrt{a}+\sqrt{b}$; leur différence $\sqrt{a}-\sqrt{b}$.

Si les radicaux sont semblables, on opère l'addition ou la soustraction des quantités placées devant le radical ; ce radical est un facteur commun dont on affecte le résultat. Ainsi la somme des quantités.

$$\sqrt{108\,a\,b^5x^2} \text{ et } \sqrt{363\,a^3b^3x^4}\,,$$

qui reviennent à

$$9\,b^2x\sqrt{3\,ab} \quad \text{et} \quad 11\,abx^2\sqrt{3\,ab}\;,$$

est
$$(9\,b^2x + 11\,abx^2)\sqrt{3\,ab}\;.$$

Leur différence est

$$(9\,b^2x - 11\,abx^2)\sqrt{3\,ab}\;.$$

159. MULTIPLICATION. *Pour faire le produit de deux radicaux du second degré, on peut faire le produit des quantités placées sous chacun d'eux et affecter le produit du radical commun.*

On a, en effet (**154**),

$$\sqrt{a}\times\sqrt{b}=\sqrt{ab}\;.$$

Cette règle s'étend à un nombre quelconque de facteurs.

Il peut arriver que le produit soit susceptible de se simplifier, ou même qu'il soit rationnel. Ainsi :

Le produit de $\sqrt{5\,a^3b}$ par $\sqrt{15\,ab^2x}$ est $\sqrt{75\,a^4b^3x}$; qui revient à $5\,a^2b\sqrt{3\,bx}$.

Le produit de $\sqrt{2\,a^3x}$ par $\sqrt{18\,ab^4x^5}$ est $\sqrt{36\,a^4b^4x^6}$, qui revient à $6\,a^2b^2x^3$.

DIVISION. *Pour diviser deux radicaux l'un par l'autre, on peut diviser l'une par l'autre les quantités placées sous chacun d'eux et affecter le quotient du radical commun.*

Désignons, en effet, par q le quotient des radicaux $\sqrt{a}$ et $\sqrt{b}$; en sorte qu'on ait

$$\frac{\sqrt{a}}{\sqrt{b}}=q \quad \text{ou} \quad \sqrt{a}=\sqrt{b}\,.\,q\;.$$

En élevant les deux membres au carré, il viendra

$$a = b \cdot q^2 \, ,$$

d'où
$$q^2 = \frac{a}{b} \quad \text{et} \quad q = \sqrt{\frac{a}{b}} \cdot$$

Par conséquent
$$\frac{\sqrt{a}}{\sqrt{b}} = \sqrt{\frac{a}{b}} \cdot$$

Il peut arriver que le quotient soit susceptible de se simplifier, ou même qu'il soit rationnel. Ainsi :

Le quotient de $\sqrt{15a^3bx^2}$ par $\sqrt{10\,ab^2x^3}$ est $\sqrt{\dfrac{15a^3bx^2}{10\,ab^2x^3}}$,

ou, en simplifiant la fraction (47), $\sqrt{\dfrac{3a^2}{2bx}} \cdot$

Le quotient de $\sqrt{21ab^3x}$ par $\sqrt{12a^3x^3}$ est $\sqrt{\dfrac{21ab^3x}{12a^3x^3}}$,

ou $\sqrt{\dfrac{7b^3}{4a^2x^2}}$, ou $\dfrac{b\sqrt{7b}}{2ax} \cdot$

Le quotient de $\sqrt{18\,a^3bx^4}$ par $\sqrt{8\,ab^3x^2}$ est $\sqrt{\dfrac{18\,a^3bx^4}{8\,ab^3x^2}}$,

ou $\sqrt{\dfrac{9a^2x^2}{4b^2}}$, ou $\dfrac{3ax}{2b} \cdot$

140. Lorsqu'une fraction algébrique contient un ou plusieurs radicaux du second degré à son dénominateur, on peut les faire passer à son numérateur.

I. Soit d'abord l'expression $\dfrac{a}{m\sqrt{b}}$. En multipliant ses deux termes par $\sqrt{b}$, on obtient $\dfrac{a\sqrt{b}}{mb}$, expression dont le dénominateur est rationnel.

Si, par exemple, on a la fraction $\dfrac{9}{2\sqrt{3}}$, on obtiendra, en multipliant ses deux termes par $\sqrt{3}$,

$$\frac{9\sqrt{3}}{2 \times 3} \quad \text{ou} \quad \frac{3\sqrt{3}}{2} .$$

II. Soit, en second lieu, l'expression $\dfrac{a}{b + m\sqrt{c}}$. Multiplions ses deux termes par $b - m\sqrt{c}$, il viendra

$$\frac{a(b - m\sqrt{c})}{b^2 - m^2 c} ,$$

expression dont le dénominateur est rationnel.

Si, par exemple, on a la fraction $\dfrac{5}{4 + 2\sqrt{3}}$; en multipliant ses deux termes par $4 - 2\sqrt{3}$, il viendra

$$\frac{5(4 - 2\sqrt{3})}{16 - 4 \times 3} , \text{ ou} \quad \frac{5(4 - 2\sqrt{3})}{4} , \text{ ou encore} \quad \frac{5(2 - \sqrt{3})}{2} .$$

III. Soit l'expression $\dfrac{a}{m\sqrt{b} + n\sqrt{c}}$. Multiplions ses deux termes par $m\sqrt{b} - n\sqrt{c}$, il viendra

$$\frac{a(m\sqrt{b} - n\sqrt{c})}{m^2 b - n^2 c} ,$$

expression dont le dénominateur est rationnel.

Si, par exemple, on a la fraction $\dfrac{9}{3\sqrt{2} - 2\sqrt{3}}$; en multipliant les deux termes par $3\sqrt{2} + 2\sqrt{3}$, il viendra

$$\frac{9(3\sqrt{2} + 2\sqrt{3})}{9 \times 2 - 4 \times 3} , \text{ ou} \quad \frac{9(3\sqrt{2} + 2\sqrt{3})}{6} ,$$

ou encore $\qquad \dfrac{3(3\sqrt{2} + 2\sqrt{3})}{2} ,$

141. Nous avons fait remarquer, au commencement du paragraphe précédent, que la racine carrée d'une quantité positive, qu'elle soit commensurable ou non, a toujours une existence réelle, puisqu'on peut toujours assigner deux limites numériques, aussi rapprochées qu'on le voudra, entre lesquelles elle soit comprise. Il n'en serait plus de même si la quantité dont on veut extraire la racine était une quantité négative. Non-seulement la racine carrée d'une quantité négative ne saurait être assignée en nombres, mais elle n'a même aucune existence réelle ; car il résulte de la règle des signes (**94**) qu'aucune quantité réelle, soit positive, soit négative, ne peut, lorsqu'on la multiplie par elle-même, donner un produit négatif.

Ainsi $+2$, multiplié par lui-même, donne $+4$; et -2, multiplié par lui-même, donne également $+4$. Mais il n'existe aucune quantité réelle qui, multipliée par elle-même, puisse donner pour produit -4. La racine carrée de -4 n'a donc pas d'existence réelle ; et l'expression $\sqrt{-4}$ n'est que le symbole d'une opération impossible.

Les expressions de cette espèce sont ce que l'on appelle des quantités *imaginaires*.

Toute racine de degré pair d'une quantité négative est encore une quantité *imaginaire*; car, d'après la règle des signes, toute puissance paire d'une quantité réelle, soit positive, soit négative, est nécessairement positive. Mais nous nous occuperons spécialement dans ce qui va suivre des imaginaires du second degré.

On donne ordinairement à ces quantités une forme plus commode. Reprenons comme exemple l'expression $\sqrt{-4}$. On regarde la quantité -4, placée sous le radical, comme le produit de $+4$ par -1 ; et pour extraire la racine carrée du produit on convient d'appliquer encore la règle du n° **134**, c'est-à-dire qu'on extrait, ou que du moins on indique la racine carrée de chaque facteur. On obtient ainsi $2.\sqrt{-1}$. De même l'expression $\sqrt{-a^2}$ pourrait s'écrire $a\sqrt{-1}$; l'expression $\sqrt{-3}$ s'écrirait $\sqrt{3}.\sqrt{-1}$. En un mot, la racine d'une quantité négative s'écrit en multipliant par $\sqrt{-1}$ la racine de la même quantité prise positivement.

142. Toute expression algébrique dans laquelle il entre des quantités de la forme $a\sqrt{-1}$ est une expression imaginaire. Celles qui sont les plus importantes à considérer, et auxquelles on peut ramener toutes les autres, sont les expressions de la forme $a+b\sqrt{-1}$, qui se composent d'une partie réelle et d'une partie imaginaire. On étend aux quantités imaginaires de cette forme les règles établies pour le calcul des quantités réelles.

§ II. Discussion des problèmes du second degré.

143. Nous avons vu (**126**, **128**) qu'une équation du second degré peut toujours être ramenée à la forme $x^2+px+q=0$, ou à la forme plus générale $ax^2+bx+c=0$. Pour cela nous avons dit qu'il fallait faire disparaître les dénominateurs et effectuer les calculs. Nous pouvons ajouter à présent que, si l'équation contenait un ou deux radicaux du second degré, sous lesquels l'inconnue fût engagée, il faudrait les faire disparaître.

A cet effet, s'il n'y a qu'un seul radical, on l'isole dans

un membre ; et, en élevant les deux membres au carré, on le fait disparaître. Soit, par exemple, l'équation

$$2x + 3\sqrt{x-5} = 24 \ ,$$

on en tirera successivement

$$3\sqrt{x-5} = 24 - 2x \quad \text{d'où} \quad 9(x-5) = (24-2x)^2 \ ,$$

où il n'y aura plus qu'à effectuer les calculs et transposer.

S'il y a deux radicaux, on les isole dans un membre ; on élève au carré ; le membre qui contenait les radicaux ne contient plus alors que leur double produit. On isole le double produit dans un seul membre ; et en élevant une seconde fois au carré, on obtient une équation débarrassée de radicaux. Soit, par exemple, l'équation

$$\sqrt{x} + \sqrt{13-x} = 5 \ ,$$

on en tirera successivement

$$x + 13 - x + 2\sqrt{x(13-x)} = 25 \quad \text{ou} \quad \sqrt{x(13-x)} = 6 \ ;$$

puis
$$x(13-x) = 36 \ ,$$

où il n'y aura plus que les calculs à effectuer.

Cela posé, reprenons l'équation du second degré sous la forme

$$x^2 + px + q = 0 \qquad\qquad [1].$$

Nous avons vu (**126**) qu'en la résolvant on obtient les deux valeurs

$$x' = -\frac{p}{2} + \sqrt{\frac{p}{4} - q} \ ,$$

$$x'' = -\frac{p}{2} - \sqrt{\frac{p^2}{4} - q} \ .$$

Ces valeurs, que nous désignons par x' et x'', sont ce que l'on a l'habitude d'appeler les *racines* de l'équation du second degré. Il est important de ne pas les confondre avec le *radical* qu'elles renferment.

Si on les ajoute on obtient

$$x' + x'' = -\frac{p}{2} - \frac{p}{2} = -p \ ,$$

et si on les multiplie, on trouve pour produit

$$x'\,x'' = \frac{p^2}{4} - \left(\frac{p^2}{4} - q\right) = q \ .$$

Ainsi : 1° *la somme des racines d'une équation du second degré, de la forme* $x^2 + px + q = 0$, *est égale au coefficient de la première puissance de* x , *pris en signe contraire*; *et*, 2° *le produit de ces mêmes racines est égal au terme indépendant de* x .

Réciproquement : si deux quantités a et b remplissent ces conditions, en sorte qu'on ait à la fois

$$a + b = -p \quad \text{et} \quad ab = q \ ;$$

ces quantités sont racines de l'équation [1], c'est-à-dire que, mises à la place de x , elles satisfont à l'équation. Car, on tire de la première relation

$$b = -p - a \ ,$$

et, en mettant pour b cette valeur dans la seconde, il vient

$$-pa - a^2 = q \quad \text{ou} \quad a^2 + pa + q = 0 \ .$$

On démontrerait, en éliminant a au contraire, qu'on a aussi

$$b^2 + pb + q = 0 \ .$$

144. Remplaçons, dans l'équation [1], p et q par

leurs valeurs $-(x' + x'')$ et $x'x''$; il viendra

$$x^2 - (x' + x'')x + x'x'' = 0$$

ou

$$x^2 - x'x - x''x + x'x'' = 0 ,$$

ou encore

$$x(x - x') - x''(x - x') = 0 ,$$

ou enfin

$$(x - x')(x - x'') = 0 \qquad [2].$$

Ainsi, *le premier membre de l'équation* $x^2 + px + q = 0$ *se décompose en deux facteurs du premier degré, formés de l'inconnue*   x   *diminuée alternativement des deux racines.*

Si, par exemple, on a l'équation

$$x^2 - 5x + 6 = 0 ,$$

qui a pour racines 2 et 3 ; son premier membre pourra se mettre sous la forme $(x - 2)(x - 3)$, ce qu'il est facile de vérifier.

Pareillement, le premier membre de l'équation

$$x^2 + x - 6 = 0 ,$$

qui a pour racines $+2$ et -3 , pourra se mettre sous la forme

$$(x - 2)(x + 3) ,$$

attendu que la différence entre x et -3 est $x + 3$.

REMARQUE. Le théorème que nous venons de démontrer fait comprendre pourquoi une équation du second degré peut être satisfaite de deux manières; c'est que, son premier membre pouvant se décomposer en deux facteurs du premier degré, on peut annuler ce premier membre en égalant à zéro l'un ou l'autre des deux facteurs.

Si, par exemple, on a l'équation $x^2 - 5x + 6 = 0$, et qu'on la mette sous la forme

$$(x - 2)(x - 3) = 0 ,$$

on voit qu'elle peut être satisfaite, soit en posant $x-2=0$, d'où $x=2$; soit en posant $x-3=0$, d'où $x=3$.

145. Discutons maintenant les valeurs tirées de l'équation $x^2+px+q=0$, savoir

$$x'=-\frac{p}{2}+\sqrt{\frac{p^2}{4}-q} \quad \text{et} \quad x''=-\frac{p}{2}-\sqrt{\frac{p^2}{4}-q}\,.$$

I. Faisons d'abord l'hypothèse $q>0$.

En même temps, il peut arriver que la quantité placée sous le radical soit positive, nulle ou négative.

Si l'on a $\frac{p^2}{4}-q>0$, les deux racines sont réelles ; et comme $\frac{p^2}{4}-q$ est alors moindre que $\frac{p^2}{4}$, sa racine est moindre que $\frac{p}{2}$; c'est-à-dire que le radical est alors moindre, en valeur absolue, que le terme $-\frac{p}{2}$; c'est donc ce terme qui donne son signe aux deux racines ; ainsi, elles sont de même signe ; toutes deux négatives si p est positif, toutes deux positives si p est négatif. (On ne peut supposer $p=0$, puisque $\frac{p^2}{4}-q$ est positif.)

Si l'on a $\frac{p^2}{4}-q=0$, le radical disparaît ; les deux racines se réduisent à $-\frac{p}{2}$; elles sont donc égales ; négatives si p est positif ; nulles, si p est nul ; positives, si p est négatif.

Si l'on a $\frac{p^2}{4}-q<0$, le radical porte sur une quantité négative ; les deux racines sont donc imaginaires. Elles seraient égales et de signe contraire si p était nul.

II. Faisons, en second lieu, l'hypothèse $q = 0$.
Dans ce cas,

$$x' = -\frac{p}{2} + \sqrt{\frac{p^2}{4}} = -\frac{p}{2} + \frac{p}{2} = 0 \; ,$$

$$x'' = -\frac{p}{2} - \sqrt{\frac{p^2}{4}} = -\frac{p}{2} - \frac{p}{2} = -p \; .$$

Ainsi, l'une des racines est nulle, l'autre est de signe contraire à p ; elle serait nulle aussi si l'on avait, en même temps, $p = 0$.

III. Faisons, enfin, l'hypothèse $q < 0$.

Dans ce cas, $-q$ est positif; la quantité placée sous le radical est donc positive ; les deux racines sont réelles. Mais comme $\frac{p^2}{4} - q$ est alors plus grand que $\frac{p^2}{4}$, sa racine est plus grande que $\frac{p}{2}$, c'est-à-dire que le radical est alors plus grand, en valeur absolue, que le terme $\frac{p}{2}$; c'est donc le radical qui donne son signe à chaque racine; l'une d'elles est donc positive et l'autre négative, quel que soit le signe de p . La plus grande, en valeur absolue, est celle où le radical est de même signe que $-\frac{p}{2}$, c'est-à-dire celle qui est de signe contraire à p . Elles seraient égales et de signe contraire si p était nul.

146. Cette discussion peut être présentée d'une autre manière, fondée sur les théorèmes du n° **143**, et plus facile à retenir.

I. Soit $q > 0$. Si l'on a $\frac{p^2}{4} - q > 0$, les deux racines sont réelles. De plus, elles sont de même signe, puisque leur produit q est positif. Elles sont positives si leur somme $-p$ est positive, c'est-à-dire si p est négatif; elles sont négatives si leur somme $-p$ est négative, c'est-à-dire si p est positif. On ne peut, dans ce cas, supposer $p=0$.

Si l'on a $\frac{p^2}{4}-q=0$, les deux racines sont égales; chacune vaut la moitié de leur somme, c'est-à-dire $-\frac{p}{2}$; elles sont positives, nulles ou négatives, selon que p est négatif, nul ou positif.

Si l'on a $\frac{p^2}{4}-q<0$, les deux racines sont imaginaires. Elles sont égales et de signe contraire si leur somme $-p$ est nulle, c'est-à-dire si $p=0$.

II. Soit $q=0$. Le produit des deux racines étant nul, il faut que l'une d'elles le soit. L'autre est alors égale à leur somme $-p$, et est positive, nulle ou négative, suivant que p est négatif, nul ou positif.

III. Soit $q<0$. Les deux racines sont réelles. Elles sont de signe contraire puisque leur produit q est négatif. La plus grande en valeur absolue est de même signe que leur somme $-p$, c'est-à-dire positive si p est négatif, et négative si p est positif. Si p était nul, les deux racines étant de signe contraire devraient être égales en valeur absolue.

147. On peut, à l'aide de ces remarques, reconnaître la nature des racines d'une équation du second degré avant de l'avoir résolue. Soit, par exemple, l'équation

$$x^2-7x+12=0.$$

Ici $\frac{p^2}{4}-q$ est égal à $\frac{49}{4}-12$ ou à $\frac{49}{4}-\frac{48}{4}$, quantité positive.

Les deux racines sont donc réelles. Elles sont de même signe, puisque leur produit est $+12$; elles sont positives, puisque leur somme est $+7$.

Soit l'équation $x^2 + 7x + 12 = 0$.

Les deux racines sont encore réelles et de même signe; mais elles sont négatives, puisque leur somme est -7 .

Soit l'équation $x^2 + 7x - 12 = 0$.

Les deux racines sont réelles; elles sont de signe contraire, puisque leur produit est -12 . La plus grande est négative, puisque leur somme est -7 .

148. Remarque I. Lorsque les racines sont égales, le premier membre est un carré parfait. Cela résulte du théorème du n° **144**, puisque ce premier membre revient alors à $(x - x')(x - x')$ ou à $(x - x')^2$. Mais il est bon de le voir directement. On a alors $\dfrac{p^2}{4} - q = 0$ ou $q = \dfrac{p^2}{4}$. Si, dans l'équation proposée, on remplace q par cette valeur, on obtient

$$x^2 + px + \frac{p^2}{4} = 0 \quad \text{ou} \quad \left(x + \frac{p}{2}\right)^2 = 0 .$$

Remarque II. Lorsque les racines sont imaginaires, le premier membre est la somme de deux quantités positives, et ne saurait par conséquent devenir nul pour aucune valeur réelle de x , ce qui rend l'impossibilité manifeste. On a, en effet, dans ce cas, $\dfrac{p^2}{4} - q < 0$ ou $q > \dfrac{p^2}{4}$. On peut donc poser $q = \dfrac{p^2}{4} + \alpha^2$, en désignant par α^2 une quantité essentiellement positive. Mettant pour q cette valeur dans l'équation, elle devient

$$x^2 + px + \frac{p^2}{4} + \alpha^2 = 0 \quad \text{ou} \quad \left(x + \frac{p}{2}\right)^2 + \alpha^2 = 0 \ .$$

Sous cette forme, on voit bien qu'aucune valeur réelle mise à la place de x ne saurait satisfaire à l'équation ; car, que $x + \frac{p}{2}$ soit positif ou négatif, son carré est toujours positif.

149. Nous avons supposé jusqu'ici que l'on pouvait mettre l'équation sous la forme $x^2 + px + q = 0$; c'est-à-dire que dans l'équation plus générale $ax^2 + bx + c = 0$, a n'était pas nul, et qu'alors on pouvait diviser par a. Il s'agit de voir maintenant ce qui arriverait si des hypothèses particulières faites sur les données du problème venaient à annuler a.

Pour cela, changeons d'abord x en $\frac{1}{y}$; aux plus grandes valeurs de y correspondront les plus petites valeurs de x, *et vice versa*. On obtient ainsi

$$\frac{a}{y^2} + \frac{b}{y} + c = 0 \ ,$$

ou, en chassant les dénominateurs,

$$a + by + cy^2 = 0 \ .$$

Faisons maintenant l'hypothèse $a = 0$; l'équation se réduit à

$$by + cy^2 = 0 \quad \text{ou} \quad y(b + cy) = 0 \ .$$

On satisfait à cette équation, soit en posant $y = 0$, soit en posant

$$b + cy = 0 \ , \quad \text{d'où} \quad y = -\frac{b}{c} \ ;$$

mais puisque $x = \dfrac{1}{y}$, on déduit de ces valeurs de y

$$x = \frac{1}{0} \quad \text{et} \quad x = -\frac{c}{b} \, .$$

La première de ces valeurs est une valeur *infinie* (**102**), que l'on n'aurait pas soupçonnée si l'on se fût contenté de faire $a = 0$ dans l'équation proposée, puisqu'elle se réduit alors à

$$bx + c = 0 \, ,$$

et ne donne pour x que la seconde valeur $-\dfrac{c}{b}$.

Si l'on fait en même temps $a = 0$ et $b = 0$, l'équation en y ci-dessus se réduit à

$$cy^2 = 0 \, ,$$

et donne pour y deux valeurs nulles. Il en résulte pour x deux valeurs infinies, et c'est ce qu'on pouvait prévoir, puisque la seconde valeur $-\dfrac{c}{b}$ se réduit alors à $-\dfrac{c}{0}$ ou à l'infini.

150. On aurait pu faire les mêmes hypothèses dans les valeurs générales tirées de l'équation $ax^2 + bx + c = 0$. Ces valeurs sont (**128**),

$$x' = \frac{-b + \sqrt{b^2 - 4ac}}{2a} \, , \quad x'' = \frac{-b - \sqrt{b^2 - 4ac}}{2a} \, .$$

Si l'on suppose $a = 0$, on trouve

$$x' = \frac{-b + b}{0} = \frac{0}{0} \quad \text{et} \quad x'' = \frac{-2b}{0} = \text{l'infini,}$$

On trouve bien une valeur infinie, mais l'autre se présente sous la forme indéterminée $\dfrac{0}{0}$. Pour faire voir que cette indétermination n'est qu'apparente, on multiplie les deux termes de x' par

$$-b - \sqrt{b^2 - 4ac},$$

ce qui donne

$$x' = \frac{(-b)^2 - (b^2 - 4ac)}{-2a(b + \sqrt{b^2 - 4ac})} = -\frac{4ac}{2a(b + \sqrt{b^2 - 4ac})}.$$

Sous cette forme, on voit que, si l'on fait $a = 0$, la valeur de x' se réduit à $\dfrac{0}{0}$; mais que si, avant de faire cette hypothèse, on supprime le facteur $2a$ commun aux deux termes (**103**), on obtient

$$-\frac{2c}{b + b} \quad \text{ou} \quad -\frac{c}{b},$$

qui est bien la valeur finie et déterminée qu'on devait obtenir.

Si l'on fait à la fois $a = 0$ et $b = 0$, les deux valeurs de x se présentent sous la forme $\dfrac{0}{0}$. Quant à la première, on vient de voir que l'indétermination n'est qu'apparente et que la véritable valeur est $-\dfrac{c}{b}$, qui, pour $b = 0$, se réduit à $-\dfrac{c}{0}$ ou à l'infini. Pour la seconde, multiplions ses deux termes par $-b + \sqrt{b^2 - 4ac}$, ce qui donne

$$x'' = \frac{(-b)^2 - (b^2 - 4ac)}{2a(-b + \sqrt{b^2 - 4ac})} = -\frac{4ac}{2a(-b + \sqrt{b^2 - 4ac})},$$

ou, en supprimant le facteur commun $2a$,

$$x'' = -\frac{2c}{-b + \sqrt{b^2 - 4ac}}.$$

Si maintenant on fait $a=0$ et $b=0$, cette valeur se réduit à $-\dfrac{2c}{0}$, c'est-à-dire à l'infini.

Ainsi, pour $a=0$ et $b=0$, les deux racines sont infinies, comme cela devait être, d'après ce qui a été dit au numéro précédent.

Enfin, si l'on faisait à la fois $a=0$, $b=0$ et $c=0$, les deux valeurs de x se présenteraient encore toutes les deux sous la forme $\dfrac{0}{0}$; mais dans ce cas l'indétermination serait réelle. Car il est évident que, dans ce cas, l'équation pourrait être satisfaite par une valeur quelconque de x.

151. Nous allons appliquer cette discussion à quelques exemples particuliers.

PROBLÈME I. *Trouver le dénominateur d'une fraction dont le numérateur est* a *, sachant que, si l'on ajoute* b *à chacun des deux termes, la fraction augmente de* m *.*

Soit x le dénominateur demandé. On devra avoir

$$\frac{a+b}{x+b}-\frac{a}{x}=m\,,$$

ou
$$mx^2-(1-m)\,bx+ab=0\,,$$

d'où
$$x=\frac{(1-m)b\pm\sqrt{(1-m)^2b^2-4\,mab}}{2\,m}\,.$$

1° Ces deux valeurs seront réelles et positives si l'on a :

$$(1-m)^2b^2>4\,mab \quad \text{et} \quad 1-m>0\,.$$

Soient, par exemple, $a=3$, $b=2$, $m=\dfrac{1}{12}$, on

trouvera

$$x = \frac{\frac{11}{12} \cdot 2 \pm \sqrt{\left(\frac{11}{12}\right)^2 \cdot 4 - 4 \cdot \frac{1}{12} \cdot 3 \cdot 2}}{2 \cdot \frac{1}{12}} = 11 \pm 7 \ ,$$

d'où $x' = 18$ et $x'' = 4$.

Si l'on adopte la première valeur, la fraction demandée est $\frac{3}{18}$, et se change en $\frac{5}{20}$ quand on ajoute 2 à chacun de ses termes. Or, $\frac{5}{20} - \frac{3}{18}$ ou $\frac{1}{4} - \frac{1}{6}$ vaut effectivement $\frac{1}{12}$.

Si l'on adopte la seconde valeur, la fraction demandée est $\frac{3}{4}$, et se change en $\frac{5}{6}$ quand on ajoute 2 à chacun de ses termes. Or, $\frac{5}{6} - \frac{3}{4} = \frac{1}{12}$.

2° Les deux valeurs deviendraient égales si l'on avait

$$(1 - m)^2 b^2 = 4mab \ .$$

Soient, par exemple, $a = 1$, $b = 8$, $m = \frac{1}{2}$; on trouvera pour ces deux valeurs $x = 4$. La fraction demandée est alors $\frac{1}{4}$, et se change en $\frac{9}{12}$ ou $\frac{3}{4}$ quand on ajoute 8 à chacun de ses termes. Or, $\frac{3}{4} - \frac{1}{4} = \frac{1}{2}$.

3° Les deux valeurs seraient imaginaires si l'on avait :

$$(1 - m)^2 b^2 < 4mab \ .$$

C'est ce qui arriverait si l'on avait, par exemple, $a = 1$, $m = \frac{1}{3}$, $b = 2$.

Dans ce cas le problème serait impossible.

4° On trouverait une racine positive et une négative, si l'on supposait b négatif; c'est-à-dire si l'on supposait qu'au lieu d'ajouter un même nombre aux deux termes de la fraction on en retranchât un même nombre.

Soient, par exemple, $a = 11$, $b = -2$, $m = \dfrac{5}{12}$; on trouvera

$$x = \frac{-\dfrac{7}{12} \cdot 2 \pm \sqrt{\dfrac{49}{144} \cdot 4 + 4 \cdot \dfrac{5}{12} \cdot 11 \cdot 2}}{2 \cdot \dfrac{5}{12}} = \frac{-7 \pm 37}{5},$$

d'où $\qquad x' = 6$ et $x'' = -8\tfrac{4}{5}$.

La seconde solution est purement algébrique; la première donne pour la fraction demandée $\dfrac{11}{6}$. Cette fraction, quand on retranche 2 à chacun de ses termes, devient $\dfrac{9}{4}$. Or, $\dfrac{9}{4} - \dfrac{11}{6}$ égale en effet $\dfrac{5}{12}$.

5° On trouverait une solution infinie si l'on faisait $m = 0$, c'est-à-dire si l'on demandait que la seconde fraction fût équivalente à la première.

Les deux valeurs de x sont alors

$$x' = \frac{b}{0} \quad \text{et} \quad x'' = a .$$

La seconde solution est évidente : car si le dénominateur est égal au numérateur, auquel cas la fraction équivaut à l'unité, en ajoutant un même nombre aux deux termes on ne change pas sa valeur.

La première solution s'explique avec la même facilité; car si le dénominateur x est infini, il en est de même du dénominateur $x + b$; les deux fractions $\dfrac{a + b}{x + b}$ et $\dfrac{a}{x}$ sont donc nulles toutes les deux, et, par conséquent, leur différence est également nulle.

152. Problème I. *Trouver sur la droite* **XY** *, qui joint deux points lumineux* **A** *et* **B** *, le point qui reçoit de chacun d'eux la même quantité de lumière.*

(On suppose connu ce principe de physique : que la quantité de lumière reçue est en raison inverse du carré de la distance au point lumineux.)

$$X \overset{\overset{\textstyle C''}{\textstyle\cdot}}{\underset{\underset{\textstyle A}{}}{\rule{3cm}{0.4pt}}} \overset{\textstyle C}{\underset{}{\rule{3cm}{0.4pt}}} \overset{}{\underset{\underset{\textstyle B}{}}{\rule{3cm}{0.4pt}}} \overset{\textstyle C'}{\rule{3cm}{0.4pt}} Y$$

Prenons pour inconnue la distance **AC** du point cherché à l'un des deux points lumineux, et désignons-la par x ; soit d la distance **AB** des deux lumières. Représentons par α^2 la quantité de lumière que recevrait un point situé à 1 mètre du point **A** , et par β^2 celle qu'il recevrait à 1 mètre du point **B**.

Si l désigne pour un moment la quantité de lumière que le point cherché **C** reçoit du point **A** , on devra avoir, d'après le principe cité :

$$l : \alpha^2 :: 1^{m} : x \quad \text{d'où} \quad l = \frac{\alpha^2}{x} \, .$$

En raisonnant de même, on trouvera que la quantité de lumière que le point cherché **C** reçoit du point **B** est

$$\frac{\beta^2}{(d - x)^2} \cdot$$

Ces deux quantités de lumière reçue par le point cherché **C** devant être égales d'après l'énoncé, on doit avoir l'équation :

$$\frac{\alpha^2}{x^2} = \frac{\beta^2}{(d - x)^2} \qquad\qquad [1].$$

On pourrait la traiter comme à l'ordinaire, et nous conseillons cet exercice aux élèves ; mais il est plus simple de remarquer que les deux membres étant des carrés parfaits, on peut en extraire la racine, ce qui donne les deux équations du premier degré

$$\frac{\alpha}{x} = \pm \frac{\beta}{d-x} \qquad [2].$$

Si l'on prend le signe $+$ devant le second membre, on trouve, en faisant disparaître les dénominateurs,

$$\alpha d - \alpha x = \beta x \ , \quad \text{d'où} \quad x' = d.\frac{\alpha}{\alpha + \beta} \ .$$

Si l'on prend le signe $-$ devant le second membre, on trouve, de la même manière,

$$\alpha d - \alpha x = - \beta x \ , \quad \text{d'où} \quad x'' = d.\frac{\alpha}{\alpha - \beta} \ ,$$

valeurs réelles qu'il s'agit de discuter.

1° Suppposons d'abord la première lumière plus intense que la seconde, ou $\alpha > \beta$. Dans ce cas les deux valeurs x' et x'' sont toutes deux positives.

Considérons d'abord la valeur x'. Comme $\alpha + \beta$ est plus grand que α, l'expression $\frac{\alpha}{\alpha + \beta}$ est moindre que 1 ; la valeur x' est donc moindre que d, et répond à un point compris entre les points lumineux A et B. De plus, comme $\alpha + \beta$ est moindre que $\alpha + \alpha$ ou 2α, l'expression $\frac{\alpha}{\alpha + \beta}$ est plus grande que $\frac{\alpha}{2\alpha}$ ou que $\frac{1}{2}$; ainsi x' est plus grand que la moitié de d.

Le point correspondant C est donc plus près du point B que du point A.

10.

Considérons, en second lieu, la valeur x'' ; comme $\alpha - \beta$ est moindre que α , l'expression $\dfrac{\alpha}{\alpha - \beta}$ est plus grande que 1 ; ainsi x'' est plus grand que d , et répond à un point C' , situé au delà du point lumineux B qui a la moindre intensité. On conçoit, en effet, qu'on puisse trouver de ce côté un point pour lequel la différence d'intensité des deux lumières soit compensée par la différence des distances au point éclairé.

2° Supposons que l'intensité de la seconde lumière aille en augmentant et que par conséquent β augmente en se rapprochant ainsi de α , la valeur x' ira en diminuant et la valeur x'' ira en augmentant. Ainsi le point C se rapprochera du milieu de AB , et le point C' s'éloignera de plus en plus de la lumière B .

Si l'on suppose maintenant $\alpha = \beta$, ou les deux lumières d'égale intensité, on aura $x' = \dfrac{d}{2}$ et $x'' = \dfrac{\alpha d}{0}$, c'est-à-dire que le point C se trouvera alors au milieu de AB , et que le point C' se sera éloigné à une distance infinie à droite du point B . On conçoit, en effet, que pour compenser la différence d'intensité des deux lumières, il faut éloigner le point C' d'autant plus que cette différence est moindre ; et que si enfin elle devient nulle, ce n'est qu'à une distance infinie que la différence due aux distances devient insensible.

3° Supposons que β , continuant à croître, devienne plus grand que α , ou que la lumière B soit plus intense que la lumière A .

La valeur x' reste positive et moindre que d , c'est-à-dire qu'elle répond toujours à un point compris entre A et B . Mais comme β est plus grand que α , il s'ensuit que $\alpha + \beta$ est plus grand que 2α, et que, par con-séquent, $\dfrac{\alpha}{\alpha + \beta}$ est moindre que $\dfrac{\alpha}{2\alpha}$ ou que $\dfrac{1}{2}$; ainsi x' est moindre que $\dfrac{d}{2}$, c'est-à-dire que le point C est alors plus près de la lumière A que de la lumière B.

Quant à la valeur x'', elle devient négative; et, puisqu'on a regardé comme positives les distances comptées à droite du point A, on devra, pour la généralité des formules (**90**), regarder comme négatives celles qui sont comptées à gauche de ce point. La valeur négative trouvée pour x'' correspondra donc à un point C'', situé à gauche du point lumineux A qui a la moindre intensité, et à une distance de ce point d'autant plus grande que la différence absolue $\beta - \alpha$ est plus petite.

4° Si l'on faisait maintenant décroître l'intensité de la lumière B jusqu'à ce qu'on en fût revenu à l'hypothèse $\beta = \alpha$, on trouverait pour x'' des valeurs négatives de plus en plus grandes, et enfin une valeur infinie qu'on devrait regarder comme négative, puisqu'elle serait la limite vers laquelle tend une quantité négative de plus en plus grande en valeur absolue. Ainsi, pour $\alpha = \beta$ la solution infinie répond à un point que l'on peut supposer placé indifféremment à droite ou à gauche des deux lumières, ce qui doit être.

Il ne faudrait pas en conclure que l'équation du second degré a, dans ce cas, trois racines; elle n'en a que deux; mais la valeur infinie peut être affectée du signe $+$ ou du signe $-$, suivant qu'on la considère comme limite de quantités croissantes positives, ou de quantités croissantes en valeur absolue, mais négatives.

5° Si l'on fait en même temps les deux hypothèses $\alpha = \beta$

et $d = 0$, c'est-à-dire si l'on suppose que les deux lumières soient de même intensité, et placées en outre au même point A , on trouve

$$x' = 0 \quad \text{et} \quad x'' = \frac{0}{0}.$$

La première valeur donne le point A , cela devrait être, puisque le point C , qui est au milieu de AB pour $\alpha = \beta$, se confond alors avec A et B .

La seconde est indéterminée ; et, en effet, en quelque point de la droite XY qu'on place alors le point éclairé, il recevra des deux points lumineux la même quantité de lumière.

Si, sans faire aucune hypothèse sur d , on fait les deux suppositions $\alpha = 0$ et $\beta = 0$, on trouve pour x' et x'' deux valeurs indéterminées. Et, en effet, si les deux lumières sont éteintes, un point quelconque situé soit entre A et B , soit en deçà ou au delà, reçoit de chacun de ces points une quantité de lumière nulle et par conséquent une quantité égale.

153 Le lecteur pourra s'exercer sur les exemples qui suivent :

I. *Partager le nombre* a *en deux parties telles que la somme de leurs racines carrées soit égale à un nombre* b .

II. *Un voyageur a* n *kilomètres à faire, et marche d'une manière régulière. S'il faisait chaque jour* a *kilomètres de plus, il emploierait à son voyage* b *jours de moins. Quelle serait alors la durée de son voyage ?*

III. *Partager* a *en deux parties telles que la somme de leurs cubes soit égale à* b .

FIN.

TABLE DES MATIÈRES.

FIN DE LA TABLE DES MATIÈRES.